CONNAISSANCE ET DESCRIPTION BOTANIQUE

DES

PLANTES USUELLES

UTILES OU NUISIBLES A DIVERS TITRES

AVEC L'INDICATION PRÉCISE ET DÉTAILLÉE DE LEURS PROPRIÉTÉS

ET DE LEURS USAGES

Par A. YSABEAU

Ouvrage orné de 125 gravures insérées dans le texte.

PLANTES VÉNÉNEUSES.	PLANTES ANTISPASMODIQUES.
— MÉDICINALES.	— SUDORIFIQUES.
— DÉPURATIVES.	— SÉDATIVES.
— AMÈRES.	— ANTISCORBUTIQUES.
— PURGATIVES.	— AROMATIQUES.
— ASTRINGENTES.	— NUISIBLES.
— PECTORALES.	— UTILES.
— VERMIFUGES.	INSECTES NUISIBLES.

TROISIÈME ÉDITION

PARIS

LIBRAIRIE DES BIBLIOTHÈQUES SCOLAIRES

PAUL DUPONT, ÉDITEUR

41, RUE JEAN-JACQUES-ROUSSEAU, 41

CONNAISSANCE ET DESCRIPTION BOTANIQUE

DES

PLANTES USUELLES

CLICHY. — IMPR. PAUL DUPONT, 12, RUE DU BAC-D'ASNIÈRES.

CONNAISSANCE & DESCRIPTION BOTANIQUE

DES

PLANTES USUELLES

UTILES OU NUISIBLES A DIVERS TITRES

AVEC L'INDICATION PRÉCISE ET DÉTAILLÉE DE LEURS PROPRIÉTÉS
ET DE LEURS USAGES

Par A. YSABEAU

Ouvrage orné de 125 gravures insérées dans le texte.

PLANTES VÉNÉNEUSES.
— MÉDICALES.
— DÉPURATIVES.
— AMÈRES.
— PURGATIVES.
— ASTRINGENTES.
— PECTORALES.
— VERMIFUGES.

PLANTES ANTI-SPASMODIQUES.
— SUDORIFIQUES.
— SÉDATIVES.
— ANTI-SCORBUTIQUES.
— AROMATIQUES.
— NUISIBLES.
— UTILES.
INSECTES NUISIBLES.

PARIS

LIBRAIRIE DES BIBLIOTHÈQUES SCOLAIRES

PAUL DUPONT, ÉDITEUR

41, RUE JEAN-JACQUES-ROUSSEAU, 41

AVANT-PROPOS

A considérer le cercle immense des connaissances humaines, cercle qui va s'élargissant de jour en jour, on est forcé de s'avouer qu'il y a, parmi ces notions si variées, une foule de choses que l'homme le plus instruit doit se résigner à ne jamais savoir. Il en est d'autres, au contraire, qu'il n'est, pour ainsi dire, permis à personne d'ignorer, tant elles semblent indispensables dans la pratique de la vie. Ainsi, quoique la botanique soit la plus aimable des sciences et l'une des branches les plus attrayantes de l'histoire naturelle, tout le monde ne peut pas être botaniste ; mais tout le monde peut, après avoir acquis dans *la Botanique au village (Bibliothèque des campagnes)* les notions élémentaires de la botanique, faire une connaissance intime avec les plantes usuelles de la France. Il appartient à l'instituteur, mieux placé que qui que ce soit pour bien remplir cette mission, de travailler avec fruit à vulgariser les notions de cette nature.

Ce livre est tout spécialement destiné à faciliter aux instituteurs l'enseignement de ce qu'on peut nommer la *Botanique pratique*, et à demeurer entre les mains des élèves, afin qu'ils ne puissent oublier les leçons du maître. D'ailleurs, ces notions une fois acquises, les plantes décrites et figurées dans le livre étant continuellement sous les yeux des élèves et entre leurs mains, comment pourraient-ils en oublier la physionomie et les propriétés ?

Il ne s'agit pas seulement, dans ce genre d'étude, d'un délassement agréable, d'un emploi attrayant des heures de loisir des élèves, d'un plaisir très-vif ajouté aux excursions des élèves dans la campagne sous la conduite de l'instituteur. Le but de ce livre est plus sérieux ; il s'adresse sans distinction à tous ceux qui habitent la campagne et qui aiment la nature. Les accidents causés par les plantes vénéneuses, soit à l'homme, soit aux animaux herbivores domestiques, ne sont malheureusement pas rares ; il s'agit d'en rendre le retour impossible. Sous un autre point de vue, combien d'indispositions légères dégénèrent en maladies graves qu'on aurait pu prévenir en utilisant des plantes sur lesquelles on marche, sans s'embarrasser d'en connaître les propriétés médicales, du domaine de la médecine domestique ?

On a compris dans ce volume les plantes qu'il est le plus nécessaire de bien connaître, soit comme nuisibles, soit comme utiles sous divers rapports, en dehors de la série des plantes du domaine de la grande culture, série traitée à fond dans le tome II du *Cours d'agriculture pratique*. L'ordre adopté n'est point basé sur la classification botanique ; des plantes de familles très-éloignées les unes des autres, se trouvent rapprochées par l'analogie de leurs propriétés ; d'autres, d'une parenté très-proche, sont séparées pour le même motif.

Les plantes usuelles ainsi considérées sont divisées en cinq séries :

1° *Plantes vénéneuses;*

2° *Plantes médicinales;*

3° *Plantes aromatiques;*

4° *Plantes nuisibles à divers titres;*

5° *Plantes utiles à divers titres.*

La série des plantes médicinales comprenant seulement celles dont l'emploi est purement inoffensif, est tellement nombreuse qu'il a paru nécessaire de la subdiviser en onze sections; savoir :

1° *Plantes dépuratives;*

2° *Plantes amères;*

3° *Plantes purgatives;*

4° *Plantes astringentes;*

5° *Plantes pectorales;*

6° *Plantes vermifuges;*

7° *Plantes antispasmodiques;*

8° *Plantes carminatives;*

9° *Plantes sudorifiques;*

10° *Plantes sédatives;*

11° *Plantes antiscorbutiques.*

Les autres séries n'admettent pas de subdivisions.

L'exposé des propriétés de chaque plante est précédé de sa description botanique à la fois concise et précise, afin que chacun puisse en vérifier les caractères.

Celui qui aura parcouru, ce volume à la main, la cam-

pagne, les prés, les bois, les jardins, en comparant avec
nos figures, d'une scrupuleuse exactitude, les plantes
qu'il aura sous les yeux, ne pourra plus promener ses re-
gards autour de lui sans saluer quelque agréable connaissance. A mesure que la végétation se développera,
il prendra l'habitude de faire provision de celles qui
croissent dans son canton à l'état sauvage. De son
côté, l'instituteur apprendra à ses élèves à extirper, partout où ils les rencontreront, les plantes vénéneuses, heureusement peu nombreuses en France ; les enfants s'habi-
tueront à ne cueillir pour leurs lapins et leurs vaches que
les herbes salutaires capables de les bien nourrir sans
compromettre leur santé. Ce sera pour l'instituteur une
satisfaction très-vive que celle de voir sous sa direction
cette jeunesse, qui sera la nation à son tour, dérober aux
jeux de son âge quelques instants pour prendre un plaisir,
aussi utile qu'agréable, à s'instruire dans la *Connaissance
des plantes usuelles*. En effet, est-il une connaissance
plus directement utile à la jeunesse des campagnes que
celle des plantes au milieu desquelles elle passe sa vie,
sans se douter, le plus souvent, soit du parti qu'on peut
tirer d'une foule de bonnes plantes, soit des dangers que
les plantes vénéneuses font courir aux animaux herbivores domestiques, et trop souvent à l'homme lui-même ?

CONNAISSANCE
DES PLANTES USUELLES

PREMIÈRE SÉRIE

PLANTES VÉNÉNEUSES

Peu de plantes vénéneuses croissent à l'état sauvage sur
le sol de la France; mais, malheureusement, les plus dangereuses ne sont pas les plus connues; il n'y a pas d'année où
elles ne donnent lieu à des cas d'empoisonnement accidentel. Il importe donc au plus haut degré que tout le monde
les connaisse, de manière à ne pouvoir pas les confondre
avec d'autres, et que l'instituteur puisse dire à ses élèves
en mettant une plante vivante à côté de la plante gravée :
« Ne touchez pas au poison ! »

BELLADONE (*Atropa Belladona*). — Plante vivace de la famille des *Solanées*. Tige et feuilles pubescentes. — Feuilles
ovales, aiguës, entières, à odeur vireuse. — Fleurs axillaires,
d'un rouge terne. — Calice monosépale, à cinq divisions. —
Corolle monopétale, régulière, en cloche, à cinq lobes.— Cinq
étamines libres ; filets dilatés à la base. — Cinq pistils. —
Ovaire libre sur un disque hypogyne.—Style long, mince ;

stigmate globuleux, bilobé. — Fruit biloculaire, semblable à une guigne noire, à sa maturité.

La Belladone est heureusement assez rare en France à l'état sauvage ; on la rencontre au pied des montagnes, dans les lieux ombragés et frais. Toutes les parties de la plante, racines, tiges, feuilles et fruits sont vénéneuses au plus haut degré, et peuvent, à dose très-faible, donner la mort. Presque tous les empoisonnements accidentels par la Belladone, ont lieu de la même manière. Des enfants, quelquefois même, des personnes adultes, se laissent séduire par l'aspect appétissant de la baie de la Belladone, qui après avoir été verte, puis rougeâtre, devient en arrivant à maturité d'un noir lustré, qui la fait ressembler à une guigne mûre. La saveur du fruit de la Belladone n'a, d'ailleurs, rien de repoussant rien qui éveille la défiance. Si l'imprudent qui a mangé, même une petite quantité de ce fruit perfide n'est pas immédiatement secouru, sa mort est inévitable. Il faut en pareil cas faire vomir d'abord, puis administrer par petites gorgées du café noir très-fort, et courir après un médecin qui, malheureusement, arrive presque toujours trop tard.

Partout où l'on rencontre la Belladone, il faut l'extirper avec soin, avant qu'elle ait eu le temps de se propager par le semis naturel des graines contenues dans ses baies. Le nom de cette plante qui signifie en italien *belle dame*, vient d'une sorte de cosmétique dont la Belladone était la base, et auquel on attribuait la propriété de donner à la peau du visage de la fraîcheur et de l'éclat.

La chimie extrait de la Belladone son principe vénéneux sous le nom d'*atropine*, c'est un des plus redoutables poisons végétaux. La médecine fait usage, mais à doses excessivement faibles, de la Belladone contre divers affections des organes respiratoires. Un pareil médicament ne doit être accepté que des mains d'un médecin très-expérimenté.

Belladone.

Aconit. (*Aconitum napellus*). — Plante de la famille des *Renonculacées*. — Annuelle par ses tiges, vivace par ses racines tuberculeuses. — Tige cylindrique. — Feuilles digitées, à lobes linéaires ; fleurs bleues en long épi terminal. — Calice pétaloïde, à cinq sépales irréguliers, le plus grand en forme de casque ou de capuchon. — Corolle à deux pétales irréguliers, onguiculés, canaliculés, à sommet obtus, en capuchon. — Contenant à l'intérieur une glande volumineuse. — Trente à quarante étamines. — Filets planes, élargis à la base. — Cinq pistils pisiformes, devenant après la floraison, autant de capsules uniloculaires, contenant des graines nombreuses, et s'ouvrant par une suture latérale.

L'Aconit est vénéneux dant toutes ses parties ; on ne le rencontre à l'état sauvage que dans les contrées montagneuses des départements du sud-est. Quand les abeilles ont butiné sur les fleurs de l'aconit, leur miel, qui ne paraît pas les incommoder, devient dangereux pour

Aconit.

l'homme, et peut donner lieu à de graves accidents.

L'Aconit, classé parmi les plantes d'ornement à cause de l'abondance et de l'élégance de ses fleurs, se rencontre dans les jardins de toute la France. Il arrive assez souvent que les plates-bandes du jardin d'une ferme, ou même d'une maison de campagne, sont bordées d'oseille ou de chicorée sauvage, et que ces mêmes plates-bandes sont ornées de diverses plantes parmi lesquelles figure l'Aconit. Les feuilles de l'aconit peuvent très-aisément se trouver mêlées par inadvertance à l'oseille destiné à la cuisine ou à la chicorée destinée aux lapins : de là, des cas d'empoisonnement d'autant plus dangereux que les symptômes ne se déclarent pas immédiatement. Les premiers secours à donner sont les mêmes que dans le cas d'empoisonnement par la belladone.

Tant d'autres belles plantes d'ornement, égales ou supérieures en beauté à l'aconit, sont à notre disposition pour décorer nos parterres, que l'Aconit devrait en être rigoureusement banni.

JUSQUIAME (*Hyosciamus niger*). — Plante bisannuelle de la famille des *Solanées*. — Tige velue, visqueuse. — Feuilles d'un vert pâle. — Calice tubuleux, à cinq lobes. — Corolle infundibuliforme, monopétale. — Le limbe, à cinq lobes, jaune terne, avec des veines pourpres. — Cinq étamines. — Cinq styles simples. — Stigmate capitulé. — Fruit allongé, uniloculaire. — Graines brunes, réniformes.

La Jusquiame est, parmi les plantes vénéneuses du climat européen, celle dont l'aspect est le plus repoussant; elle joint à quelque chose de livide et de sinistre, une odeur cadavéreuse qui serait dangereuse à respirer, si l'on s'endormait près d'une touffe de Jusquiame fleurie ou non; car, les feuilles et la tige exhalent la même odeur malfaisante que la plante fleurie. La Jusquiame est bisannuelle; elle naît à l'arrière-saison, du semis naturel de ses graines; elle fleurit, porte graine, et meurt l'année suivante. Les tiges dépassent rarement la hauteur de 50 à 60 centimètres; elles sont cylindriques garnies de feuilles sessiles, irrégulièrement découpées, molles, visqueuses, à demi pendantes ou retombantes. Les fleurs noires au centre, jaunâtres au pourtour, sont facilement reconnaissables à un sorte de réseau de veines pourpre, presque noires, qui s'étend sur toute la corolle. Toutes les parties de la Jusquiame contiennent un principe vénéneux la *hyosciamine*, poison narcotique des plus violents. Elle ne peut guère donner lieu à des cas d'empoisonnement sur l'homme, d'abord parce quelle n'a ni fleurs brillantes, ni baies appétissantes, ensuite, parce qu'elle ne croît jamais dans les jardins potagers, et ne peut, par conséquent, se trouver accidentellement mêlée aux plantes alimentaires à l'usage de l'homme. Très-souvent, au contraire, les lapins et les vaches sont empoisonnés par la Jusquiame mêlée à l'herbe qu'on leur distribue; les lapins en meurent inévitablement, les vaches en sont sérieusement malades. On ne peut donc trop vivement recommander la destruction de la Jusquiame, opération facile au printemps quand la plante ne forme qu'une touffe très-garnie de feuille radicales, et qu'elle n'a pas encore poussé sa tige.

On sait l'usage coupable que font de la graine de Jusquiame les maquignons de mauvaise foi. Cette graine mêlée à très-petite dose à l'avoine des chevaux, réagit sur eux d'une façon toute particulière; s'ils sont maigres, elle les fait gonfler modérément, de manière à simuler un embonpoint factice, en même temps qu'elle leur procure une animation passagère, qui trompe l'acheteur. Au bout de quelques jours, l'effet de la graine de Jusquiame est épuisé; l'animal, sans que toutefois sa vie soit en danger, retourne à son état précédent. En fin de compte, l'acheteur qui a cru payer à sa valeur un bon cheval, n'a entre les mains qu'une rosse. C'est là une fraude difficile à prévenir, encore plus difficile à prouver ; c'est une des raisons qui rendent nécessaire l'extirpation de la Jusquiame sauvage ; aucun maquignon, s'il n'en trouvait pas dans les lieux incultes, n'oserait cultiver la jusquiame dans son jardin, pour en récolter la graine.

La médecine utilise à faible dose l'extrait de Jusquiame ; elle fait aussi quelquefois usage des graines de Jusquiame brûlées, employées en fumigations, contre certaines affections du système nerveux.

Jusquiame.

DIGITALE. — (*Digitalis purpurea*). —Plante bisannuelle de la famille des *scrofulariécs*. Tige dressée, simple, d'environ un mètre de haut. — Feuilles pétiolées, ovales aiguës, d'un vert blanchâtre. — Fleurs en épi terminal, simple unilatéral. — Calice à cinq divisions. — Corolle monopétale, à tube allongé, irrégulièrement évasé, marqué de taches de pourpre à l'intérieur. — Étamines didynames, incluses; anthère à deux lobes. — Pistil à stigmate bifide. — Fruit, capsule biloculaire.

La Digitale est répandue dans toute l'Europe, depuis le nord de la Norwége jusqu'au midi de l'Espagne. On la rencontre principalement dans les bois, et sur les terrains secs garnis de broussailles; elle est aussi cultivée dans les parterres comme plante d'ornement. Ses tiges et ses feuilles renferment un poison très-actif, la *Digitaline*, qui donne la mort à très-faible dose, et qui, malheureusement, a servi plus d'une fois à commettre des crimes. Mêlée accidentellement aux aliments distribués aux dindons, aux oies et aux canards, la digitale les tue en peu de minutes. Les accidents de ce genre sont souvent funestes aux jeunes dindonneaux auxquels on donne une pâtée dont font partie les feuilles fraîches d'ortie hachées. Si, par mégarde une seule feuille de digitale se trouve mêlée aux feuilles d'ortie, les dindonneaux sont perdus. La médecine utilise les feuilles sèches de la digitale; on en prépare une teinture qui possède la propriété de calmer les palpitations, en ralentissant les mouvements du cœur; prise à dose un peu trop forte, cette teinture les ralentit si bien qu'elle les arrête tout à fait, en donnant la mort.

La digitale, connue dans les campagnes sous le nom de *Gant de notre Dame*, à cause de l'analogie de ses fleurs avec un doigt de gant, est trop abondante pour qu'il soit possible de songer à l'extirper; on doit seulement apprendre aux enfants et aux femmes des cultivateurs à éviter soigneusement de mêler cette plante à l'herbe qu'ils coupent dans les lieux incultes, pour les vaches et les lapins. En faisant infuser les feuilles fraîches ou sèches de la digitale dans de l'eau de vie ou du vin blanc, on obtient une teinture qui dissippe promptement l'enflûre œdémateuse des jambes. Cette teinture, employée à l'extérieur, ne peut faire aucun mal; prise intérieurement, elle peut donner lieu à des accidents très-graves. Quand le médecin prescrit l'emploi de la teinture de digitale pour frictionner les jambes enflées d'un malade, on doit se souvenir que c'est un poison, et la tenir hors de la portée de ceux qui pourraient s'empoisonner par imprudence.

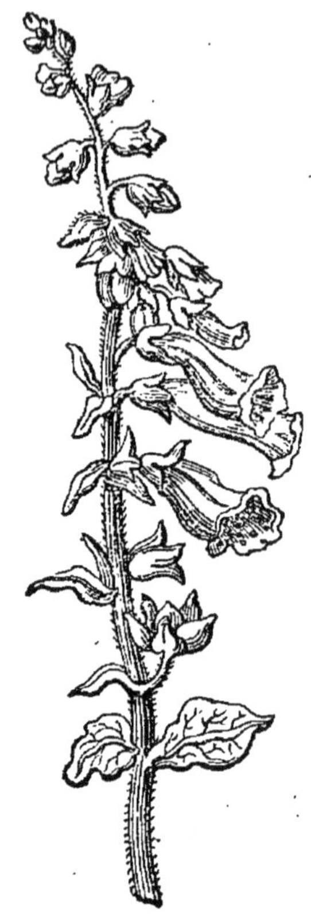

Digitale.

GRANDE CIGUE (*Conium maculatum*). — Plante bisannuelle de la famille des ombellifères. — Tige cylindrique, marquée de taches livides. — Feuilles légèrement lustrées, trois fois ailées, pétiolées, semblables au cerfeuil. — Fleurs en ombelles au sommet des ramifications de la tige. — Pétales blancs, cordiformes, inégaux. — Fruit globuleux, involucre à folioles linéaires, tous dirigés vers l'extérieur. — Racine perpendiculaire, fusiforme.

La grande ciguë est un des poisons les plus violents que produise le sol de la France; toute la plante exhale une odeur révoltante, qui avertit de ses propriétés vénéneuses. La tige qui dépasse rarement 1 mètre 20 centimètres de haut, est garnie de feuilles qui diffèrent de celles du persil seulement par la petitesse de leurs divisions ; les deux plantes pourraient facilement être prises l'une pour l'autre si elles croissaient de la même manière. Mais, les feuilles du persil, d'un usage journalier dans la cuisine, sont produites exclusivement par le collet de la racine, ayant la naissance des tiges qui doivent fleurir et porter graine ; les tiges du persil ne portent que des rudiments de feuilles ; dès que le persil commence à monter pour fleurir, il cesse d'être propre aux usages culinaires. La Ciguë, au contraire, porte ses feuilles élégantes sur ses tiges seulement, ce qui ne permet pas de la confondre avec le persil.

La racine, aussi vénéneuse que le reste de la plante, a quelquefois donné lieu à des cas d'empoisonnement, à cause de sa ressemblance avec la carotte blanche à collet vert. Si la carotte blanche était toujours cultivée comme elle devrait l'être, ces accidents ne se produiraient pas ; car la carotte doit être sarclée avec soin pour éliminer la mauvaise herbe ; ensuite, elle doit être éclaircie pour que les racines soient suffisamment espacées et qu'elles puissent arriver au volume normal de leur espèce. Si ces deux opérations de culture sont bien exécutées, pas un seul pied de Ciguë ne peut subsister parmi les carottes. Le contraire arrive pourtant quelquefois par l'incurie des cultivateurs. Lorsqu'il y a lieu de craindre que des racines de Ciguë se trouvent mêlées aux carottes blanches, il faut, avant de les faire cuire, les fendre toutes dans le sens de leur longueur. On distinguera facilement par ce moyen les racines de Ciguë ; elle portent au centre une tache rougeâtre allongée qui n'existe pas à l'intérieur de la carotte blanche.

La Ciguë croît à l'état de mauvaise herbe dans les jardins, et à l'état sauvage dans les lieux incultes, principalement dans les terrains calcaires. Les sarclages ne lui permettent pas de se propager dans les jardins bien cultivés ; on peut la détruire dans les lieux incultes sans prendre la peine de l'arracher : il suffit de couper entre deux terres sa racine à l'aide de l'instrument que tout le monde connaît sous le nom d'*échardonnette*, parce qu'il sert à extirper les chardons ; une fois la racine coupée, la plante ne repousse plus. La destruction de la Ciguë doit être opérée au printemps, quand la plante commence à fleurir, avant la maturité de la graine. Les semences de la grande Ciguë se conservent longtemps en terre ; il est difficile d'en purger complétement le sol, une fois qu'il en est infesté.

La plus dangereuse des Ciguës est la *petite Ciguë (Arethusa cynapium)* dont on croit inutile de donner la figure, parce qu'elle ressemble tellement au cerfeuil cultivé que les deux plantes semblent n'en former qu'une seule. La petite Ciguë de la même taille que le cerfeuil, en diffère uniquement par la forme un peu plus aiguë et la nuance verte un peu plus foncée de ses feuilles. On ne peut trop recommander aux cuisinières qui épluchent

Grande Ciguë (*conium maculatum*).

du cerfeuil, de rejeter toutes les feuilles d'un autre vert que la masse, et aux jardiniers, d'arracher toute plante de cerfeuil d'un vert trop sombre : c'est à coup sûr de la petite ciguë.

CIGUE AQUATIQUE (*Phellandrium aquaticum*). — Plante vivace, de la famille des ombellifères. Racine longue, blanche, pivotante. — Tige cylindrique, noueuse, ramifiée au sommet. — Fleurs en ombelle sans involucres, mais avec involucelles. — Feuilles très-développées, à folioles innombrables, pinnatifides, glabres, d'un vert foncé. — Graines ovoïdes, striées, retenant les dents calicinales de la fleur.

Ciguë aquatique (*Phellandrium*).

La *ciguë aquatique*, aussi nommée *cicutaire*, ou *ciguë d'eau* est aussi vénéneuse que la grande et la petite ciguë; mais, comme elle ne croît que dans les lieux marécageux et sur le bord des eaux stagnantes, il est très-rare qu'elle donne lieu à des cas d'empoisonnement accidentel.

On combat l'empoisonnement par les différentes espèces de ciguë, d'abord en faisant vomir, ensuite en faisant boire de l'eau vinaigrée ou , si l'on peut, du jus de citron, en attendant les secours de la médecine. L'art médical utilise l'extrait de ciguë contre les maladies scrofuleuses, et la graine de Phellandrium contre certaines affections du système nerveux; ce dernier médicament, jadis en grande faveur, est à peu près délaissé par la médecine.

Plusieurs auteurs ont avancé que les animaux herbivores domestiques peuvent manger la ciguë impunément; le fait est inexact. Si l'on donne à une vache de la ciguë, seule au râtelier, et que, pressée par la faim, elle en mange à son appétit, elle en sera fort malade, et pourra même en mourir. Mais il est vrai que quelques plantes de ciguë mêlées aux fourrages frais distribués aux animaux herbivores domestiques, ne peuvent pas compromettre leur existence. Toutefois, il est très-utile de détruire partout la ciguë, et d'éviter de la mêler aux fourrages frais donnés au bestiaux.

STRAMOINE (*Datura Stramonium*). — Plante annuelle de la famille des *Solanées*. Tige rameuse, dichotome. — Feuilles alternes, grandes, ovales, aiguës, sinuées, anguleuses sur leurs bords. — Fleurs solitaires, blanches ou teintées de violet. — Calice tubuleux à cinq dents aiguës. — Corolle infundibuliforme, à tube très-allongé, à bords irréguliers, anguleux. — Fruit, capsule ovoïde, hérissée de piquants, à quatre loges. — Graines brunes, réniformes.

Le *Stramoine* se rencontre partout en Europe, spécialement dans les cimetières. Plusieurs auteurs affirment que le Stramoine est originaire d'Amérique, sans qu'on puisse dire par qui, comment et à quelle époque il a été introduit en Europe. La tige haute de 80 cent. à 1 m., est très-ramifiée; la plante entière, feuilles, fleurs, tige et racines, exhale une odeur cadavéreuse repoussante. Les piquants qui garnissent le fruit ont fait donner au Stramoine le nom vulgaire de *pomme épineuse*. Le principe vénéneux que contient le Stramoine a beaucoup d'analogie avec l'opium. La plante séchée et réduite en poudre fait partie, avec la feuille du chanvre, de la composition nommée *hatchis*, avec laquelle les Orientaux·se procurent des rêves extraordinaires, composition dont l'usage prolongé conduit inévitablement à l'idiotisme.

Rarement le Stramoine donne lieu à des empoisonnements accidentels; son aspect et son odeur avertissent suffisamment de s'en méfier. Il est néanmoins nécessaire de le faire connaître aux enfants, pour qu'ils ne manquent pas de l'arracher, et voici pourquoi. Une petite quantité de poudre de Stramoine mêlée au tabac à priser, procure immédiatement un irrésistible besoin de dormir. Dans les premières années de ce siècle, une association de malfaiteurs surnommée *les Endormeurs*, usait de ce moyen pour faire tomber dans un sommeil de plomb ceux qu'elle jugeait bons à voler; on pouvait les dévaliser sans résistance. A Paris, où la bande a été prise et livrée à la justice, les endormeurs liaient conversation avec les garçons de recette, surtout avec ceux de la Banque de France; après les avoir endormis en leur offrant une prise de tabac, ils enlevaient les sacoches pleines de numéraire et les portefeuilles bourrés de billets de banque.

A la campagne, de mauvais plaisants, qui ne sauraient être trop sévèrement blâmés, se servent quelquefois des propriétés bien connues du Stramoine pour jouer ce qu'ils nomment *une farce* à un camarade, en le faisant dormir malgré lui. Le sommeil que procure la poudre de Stramoine mêlée au tabac à priser, n'est pas mortel, mais il rend fort malade, et il expose celui qui aurait subi plusieurs fois ce gènre d'empoisonnement narcotique à perdre la raison, ce qui est cent fois pire que de perdre la vie.

Le Stramoine étant annuel, il suffit d'arracher la plante en fleur avant la maturité de la graine, pour être certain qu'elle ne se reproduira pas.

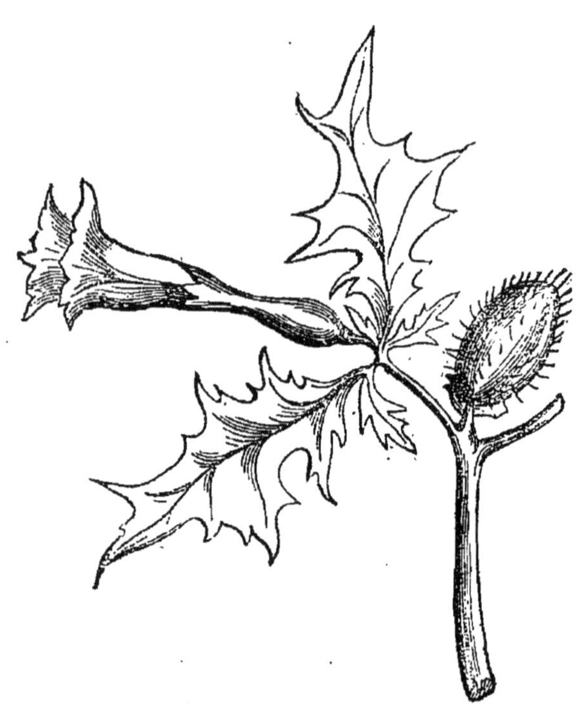

Datura stramonium.

MORELLE NOIRE (*Solanum nigricans*). — Plante annuelle de la famille des *Solanées*. Tige herbacée, très-ramifiée. — Feuilles pétiolées, molles, entières. — Fleurs petites, blanchâtres. — Calice à cinq dents, persistant. — Corolle monopétale à cinq lobes, tube très-court, cinq étamines, filets tubulés, très-courts. — Baies passant du vert au rouge, puis au noir.

Morelle noire. Cette plante, l'une des plus répandues de celles de la famille des solanées, se rencontre partout à l'état de mauvaise herbe dans les jardins et les champs cultivés; elle est connue dans beaucoup de départements, sous le nom vulgaire de *Brède.* Les baies de la Morelle parvenues à maturité, offrent une ressemblance frappante avec des grains de cassis. De même que beaucoup d'autres plantes de la famille des solanées, la Morelle noire contient un principe narcotique, capable de produire de graves désordres lorsqu'il est pris à l'intérieur. Les enfants très-

Solanum nigricans.

jeunes, tentés par tout ce qui ressemble à un fruit, portent assez souvent à la bouche les baies mûres de la Morelle noire ; il en peut résulter des accidents sérieux. Quand les bestiaux rencontrent cette plante au pâturage, ils la rebutent ; lorsqu'elle leur est offerte à la mangeoire, mêlée à d'autres herbes fraîches, ils la mangent et ne sont pas empoisonnés dans le vrai sens du mot ; la Morelle noire leur cause seulement un engourdissement qui, lorsqu'il se prolonge, les rend plus ou moins malades. Les lapins, lorsqu'ils ont mangé de la Morelle noire chargée de baies mûres, enflent et crèvent en quelques heures, surtout lorsqu'ils n'ont pas encore atteint l'âge adulte ; si la Morelle noire ne tue pas les gros lapins, assez robustes pour résister à son principe vénéneux, elle leur est toujours nuisible, et l'on doit se garder de leur en donner.

BRYONE (*Brycnia dioïca*). — Plante à racines vivaces, de la famille des *cucurbitacées*. Racines blanches, très-volumineuses, presque entièrement composées d'une fécule amylacée, inoffensive, et d'un principe âcre vénéneux. — Tiges flexibles, grimpantes, munies de vrilles, dépassant souvent la longueur de deux mètres. — Feuilles palmées, à cinq lobes aigus. — Fleurs mâles et fleurs femelles, sur des pieds séparés. — Fleurs mâles : calice et corolle soudés ensemble, campanulés, cinq étamines. — Fleurs femelles : calice et corolle comme chez les fleurs mâles ; style simple, trois stigmates tronqués, bilobés ; ovaire infère, pisiforme, devenant une baie qui contient cinq à six graines.

La *Bryone*, connue dans les campagnes sous son nom vulgaire de *Couleuvrée*, est commune partout en France le long des haies et sur la lisière des bois. La plante femelle porte des baies d'abord vertes, puis d'un rouge vif à leur complète maturité. Ces baies d'un goût fade, sans être précisément vénéneuses, sont cependant douées de propriétés malfaisantes; elles peuvent nuire sensiblement aux enfants qui se laissent aisément tenter par leur aspect appétissant.

La Bryone n'est réellement vénéneuse que par sa racine qui atteint ordinairement la grosseur du bras; cette racine purge violemment. Ses propriétés délétères sont faibles quand la racine est sèche, et très-prononcées chez la racine à l'état frais. En Suède, en Danemark et dans tout le nord de l'Allemagne les paysans, pour se purger à peu de frais, arrachent une forte racine de Bryone, dans laquelle ils pratiquent un trou capable de contenir un verre de bière. Quand ce liquide a été pendant douze heures en contact avec la racine fraîche de Bryone, dans l'excavation creusée à cet effet, ils le boivent le matin à jeun. Il en résulte souvent des vomissements sans conséquences graves, parce que le poison est promptement expulsé; quelquefois aussi, le suc de Bryone mêlé à la bière n'agit que comme purgatif; dans ce cas, son action est tellement violente qu'il en peut résulter, même chez des individus très-robustes, des affections graves de l'appareil digestif. Les tranches de racine fraîche de Bryone appliquées sur la peau, y produisent en raison de leur causticité, l'effet d'un vésicatoire. La médecine a longtemps fait usage de la racine fraîche de Bryone, comme d'un médicament vomitif et purgatif. La médecine moderne y a renoncé, tant à cause du danger que peuvent présenter les propriétés vénéneuses de cette racine, qu'en raison de l'inconstance de ses effets, nuls ou trop faibles chez certains individus, excessifs chez la plupart des malades.

On extrait de la racine de Bryone râpée, une fécule abondante, très-blanche, également propre à l'alimentation et à tous les usages industriels de l'amidon et de la fécule de pommes de terre.

Bryone.

GRATIOLE OFFICINALE (*Gratiola officinalis*). Plante annuelle, de la famille des *Scrofulariées*. Tige droite, cylindrique, simple. — Feuilles opposés, sessiles, glabres, ovales, lancéolées, dentées au sommet. — Calice à cinq divisions. — Corolle tubulée, à deux lèvres, la supérieure bilobée, l'inférieure à trois lobes. — Cinq étamines dont deux fertiles, et deux ou trois rudimentaires. — Un pistil à stigmate à deux lames. — Fruit, capsule à quatre valves. — Graine brune, très-menue.

La *Gratiole* est très-connue dans les campagnes sous son

nom vulgaire d'*herbe au pauvre homme*. Ce nom ne lui vient pas des puissantes vertus médicinales qui lui ont été autrefois attribuées ; pendant longtemps, des mendiants, pour inspirer la pitié, se procuraient à l'aide du suc de la gratiole, des plaies factices aux jambes : de là, son nom d'herbe au pauvre homme. Aujourd'hui, cette fraude par trop facile à démasquer, n'est plus guère pratiquée même par ceux qui préfèrent la mendicité au travail.

On rencontre la Gratiole à l'état sauvage en France et dans toute l'Europe, dans les bois humides, sur le bord des étangs et le long des fossés pleins d'eau. Elle se reconnaît facilement à ses fleurs nombreuses, d'un blanc jaunâtre, teintées de rouge violacé sur leurs bords. Toutes les parties de la Gratiole contiennent un suc âcre qui, pris à faible dose, purge et fait vomir. Pris à dose un peu trop forte, il produit la super-purgation avec de violentes tranchées, et peut même donner la mort. Ni les chevaux ni le gros bétail ne mangent la Gratiole à l'état frais ; son odeur nauséeuse les repousse. Si elle se trouve mêlée à leur foin sec,

Gratiola officinalis.

les chevaux la mangent; elle les fait promptement maigrir et dépérir. La Gratiole a la mine trompeuse ; c'est une jolie plante dont en dépit de son odeur désagréable, les enfants font volontiers des bouquets en été lorsqu'elle est en fleurs. Il est utile de leur apprendre que c'est un poison, et qu'au lieu de se borner à cueillir sa fleur, ils doivent l'arracher. La Gratiole très-vantée autrefois, très-usitée dans l'ancienne médecine comme remède souverain contre les fièvres intermittentes, est à très-juste titre délaissée par la médecine moderne.

EUPHORBE ÉPURGE (*Euphorbia Lathyris*). Type de la famille des *Euphorbiacées*. Tige cylindrique, simple. — Feuilles molles, très-entières. — Fleur monoïque; la fleur mâle et la fleur femelle renfermées dans un involucre commun. — Fleur femelle unique, au centre de l'involucre. — Style bifide. — Fleurs mâles consistant en une seule étamine à filet articulé, accompagnée d'une bractée squammiforme. — Fleurs mâles disséminées autour de la fleur femelle. — Fruit, formé de trois coques bivalves.

L'*Euphorbe épurge*, comme toutes les plantes de la famille des euphorbiacées, est essentiellement vénéneuse. Son principe délétère réside dans un suc laiteux très-âcre contenu dans les feuilles et les tiges, et qui s'en échappe lorsqu'on les coupe. Les Euphorbes des espèces les plus dangereuses appartiennent à la Flore de l'Asie orientale et du midi de l'Afrique. Les espèces d'Europe, bien qu'elles n'offrent pas les mêmes dangers, doivent être étudiées afin que chacun puisse se préserver des effets de leurs propriétés nuisibles. L'Euphorbe épurge est quelquefois employée très-imprudemment comme purgatif; son effet se prolonge plusieurs jours de suite; les gens superpurgés par ce moyen peuvent souffrir longtemps des suites de leur inconsé-

quence. De nos jours, l'Euphorbe épurge n'est plus employée
que dans la médecine vétérinaire. On la reconnaît aisément
au printemps à ses tiges chargées de feuilles, dont l'extrémité supérieure est inclinée vers la terre. Les fleurs, d'un
vert-jaunâtre, se succèdent pendant une partie de l'été;
elles sont disposées en corymbe au sommet des tiges qui
se redressent avant de fleurir.

Quand on a commis l'imprudence de faire usage de l'Eu-

Euphorbe épurge.

phorbe épurge comme purgatif, et qu'on se trouve super-purgé, on arrête la diarrhée avec un demi-verre d'eau sucrée dans laquelle on délaie à froid une cuillerée d'amidon en poudre ; ce remède simple manque rarement son effet; s'il ne réussit pas complétement, la superpurgation cède à une forte décoction de racine de grande Consoude.

Tous les bestiaux, même lorsqu'ils sont affamés, rejettent au pâturage l'Euphorbe épurge. Les propriétés de cette plante sont heureusement très-connues dans les campagnes; elle se trouve rarement mêlée à l'herbe distribuée fraîche au râtelier; elle empoisonne assez souvent les lapins, pour lesquels l'herbe sauvage est cueillie la plupart du temps par des enfants très-peu attentifs à leur besogne.

EUPHORBE PETITE ÉSULE (*Euphorbia cyparissis*). Famille des *Euphorbiacées*. Tige ne dépassant pas la hauteur de 20 à 25 centimètres. — Feuilles disposées comme celles du cyprès. — Racines traçantes. — Fleurs monoïques, offrant exactement les mêmes caractères botaniques que celles de l'Euphorbe épurge.

L'*Euphorbe petite ésule* contient dans sa tige et dans ses feuilles, comme l'euphorbe épurge, un suc laiteux, âcre, doué de propriétés purgatives drastiques; ce suc est un véritable poison. S'il y a encore dans les campagnes des gens qui, pour se purger, se servent de l'euphorbe épurge, bien qu'ils aient presque toujours lieu de s'en repentir, il n'y en a pas qui aient recours pour le même objet à la petite Ésule. Cette plante couvre souvent de grands espaces sur les terrains sableux incultes à l'exposition du midi; les troupeaux de bêtes à laine qui parcourent ces terrains connaissent parfaitement les propriétés de la petite Esule, et s'abstiennent d'y toucher.

Vers 1820, un médecin botaniste, le docteur Loiseleur

Delongchamps, a publié une série d'expériences tendant à faire adopter la racine de l'Euphorbe petite ésule comme médicament vomitif, pouvant remplacer avec avantage l'Ipécacuanha de l'Amérique du sud. Mais, dans la pratique médicale, on n'a pas tardé à reconnaître que ce vomitif est un médicament des plus infidèles, agissant selon les tempéra-

Euphorbia Cyparissis.

ments, avec une énergie dangereuse, donnant lieu à des vomissements qu'on ne peut pas arrêter, ou bien, ne produisant que des nausées, sans faire vomir; il a fallu y renoncer.

LAITUE VIREUSE (*Latuca virosa*). Plante annuelle de la famille des *chicoracées*. — Tige simple, ramifiée seulement au sommet, feuilles alternes, sessiles. — Involucre cylindracé, à folioles imbriquées. — Réceptacle plane, sans appendice. — Calathide contenant des demi-fleurons nombreux, hermaphrodites. — Ovaires comprimés, orbiculaires ou elliptiques. — Fruit très-allongé à sa partie supérieure, surmonté d'une aigrette plumeuse.

La *Laitue vireuse* n'offre qu'une ressemblance éloignée avec les diverses espèces de laitue cultivées dans les jardins. Comme toutes les laitues, elle contient un suc laiteux abondant; celui des Laitues potagères est calmant et inoffensif; celui de la Laitue sauvage, surnommée *vireuse* à très-juste titre, est un poison. Heureusement, la Laitue vireuse est peu répandue; on la rencontre rarement à l'état de mauvaise herbe parmi les

Latuca virosa.

2.

plantes cultivées. La médecine emploie quelquefois, à dose très-modérée, l'extrait de Laitue vireuse. Les semences de celles qu'on cultive dans quelques jardins comme plante médicinale, étant pourvues d'aigrettes plumeuses, sont dispersées par le vent à d'assez grandes distances, ce qui peut propager la Laitue vireuse dans les lieux incultes. On doit la faire connaître aux enfants et leur recommander de l'arracher avant sa floraison; la plante étant annuelle, on en est complétement débarrassé, quand on ne lui laisse pas le temps de se propager par le semis naturel de ses graines.

RENONCULE SCÉLÉRATE (*Ranunculus sceleratus*). — Famille des *Renonculacées*. Plante annuelle, herbacée. — Racine fibreuse. — Tige dressée, cylindrique, fistuleuse. — Feuilles radicales glabres, à trois ou cinq lobes. — Feuilles de la tige entières. — Fleurs petites, nombreuses, d'un jaune pâle. — Calice régulier, à cinq sépales. — Corolle à cinq pétales. — Étamines et pistils en nombre indéterminé.

La *Renoncule scélérate* mérite son surnom par la violence de ses propriétés vénéneuses; ces propriétés sont heureusement assez connues même des gens les moins éclairés à la campagne, de sorte que rarement elles donnent lieu à des accidents graves. Toutefois, la Renoncule scélérate croît en grande abondance en France dans tous les lieux humides incultes, de sorte qu'elle se trouve assez souvent mêlée à l'herbe fraîche coupée pour être distribuée aux lapins. Ces animaux en liberté seraient avertis par leur instinct naturel de n'y pas toucher; quand on la leur donne dans leurs loges; mêlée à d'autres herbes, ils la mangent; quelques heures après, ils sont morts. La tige de la Renoncule scélérate est la partie la plus vénéneuse de la plante.

Un savant allemand, le docteur Krapf, a voulu vérifier

par lui-même les propriétés nuisibles de la Renoncule scélérate, qui lui semblaient avoir été fort exagérées par les auteurs. Il commença par en mâcher quelques feuilles qu'il rejeta aussitôt. Sa langue enfla ; son palais s'enflamma au point de lui faire perdre pendant quelque temps le sens du goût ; il fut durant plusieurs jours sérieusement malade. Revenu à la santé, il avala *une seule fleur* de la même plante ; il éprouva des douleurs très-vives à l'estomac, et des convulsions dans le bas-ventre. A peine rétabli, il avala comme dernière expérience, *deux gouttes* du suc exprimé de la tige et des fleurs de la Renoncule scélérate. Cette fois, il fut fort malade, il eut des coliques atroces et de violentes douleurs à l'œsophage. Ayant combattu à temps les effets du poison, il guérit et ne révoqua plus en doute désormais les propriétés vénéneuses de la Renoncule scélérate.

Dans les pays marécageux où règnent tous les ans au printemps et en automne les fièvres intermittentes, bien des gens ne craignent pas de recourir à l'emploi de la Renoncule scélérate pour les couper. A cet effet, on applique sur les poignets des cataplasmes de ses feuilles et de ses tiges pilées, ce qui produit l'effet d'un vésicatoire, et fait quelquefois cesser la fièvre. Mais, quand la fièvre est guérie, la plaie causée par la Renoncule scélérate ne l'est pas ; elle dégénère presque toujours en ulcères d'une mauvaise nature, très-difficiles à forcer à se cicatriser ; pendant les chaleurs de l'été, ces ulcères deviennent fréquemment gangréneux, et alors, ils causent inévitablement la mort du malade.

De même que la gratiole, (*Herbe au pauvre homme*), la Renoncule scélérate est quelquefois employée par les mendiants pour se procurer des plaies factices ; ceux qui emploient ce moyen frauduleux d'exciter la commisération, sont toujours exposés à en devenir les victimes.

Renoncule scélérate.

RUE (*Ruta graveolens*). — Type de la famille des *Rutacées*, plante vivace. — Tige d'un mètre 30 centimètres. — Feuilles à folioles spatulées, très-odorantes. Fleurs jaunâtres, en corrymbe, à l'extrémité des tiges. — Calice court, à quatre ou cinq divisions. — Corolle à quatre ou cinq pétales onguiculés. — Étamines en nombre variable, à raison de deux par pétales. — Quatre à cinq pistils sur un disque hypogyne, très-saillant. — Fruit, capsule à quatre ou cinq loges.

La plupart des auteurs classent la Rue parmi les plantes médicinales et non parmi les plantes vénéneuses; mais, elles est douée de propriétés si dangereuses, que je crois nécessaire de la maintenir parmi les plantes vénéneuses dans le vrai sens de ce terme. La réputation usurpée de la Rue comme médicament, n'a pas tenu devant l'examen impartial de la science moderne. L'histoire rapporte que Pompée, lorsqu'il s'empara des bagages de Mithridate, trouva dans la cassette de ce prince la formule d'un contre-poison capable de le préserver contre toute tentative d'empoisonnement. Cette recette consistait en vingt feuilles de Rue écrasées avec deux noix sèches, deux figues et un peu de sel. C'est assurément là une de ces fables qui abondent chez les historiens les plus graves de l'antiquité.

Si la Rue ne préserve pas de l'empoisonnement, elle agit positivement comme un poison, principalement sur les femmes et les enfants, auxquels des charlatans ne craignent pas de les administrer, sous prétexte de guérir des affections vermineuses ou autres. La Rue ne croît à l'état sauvage que dans quelques cantons montagneux de nos départements du Midi; on la rencontre trop souvent dans les jardins du reste de la France. Il importe d'apprendre aux enfants à se défier de cette plante nuisible, dont au reste l'odeur repoussante les avertit de n'y pas toucher. Ses propriétés irritantes sont si prononcées que, si l'on en broie quelques feuilles entre les doigts, il en résulte des démengeaisons pénibles qui se prolongent pendant plusieurs heures, et qu'il est très-difficile de calmer. Un cataplasme de

feuilles de Rue pilées, appliqué sur la peau, y produirait
l'effet d'un vésicatoire, avec des accidents très-graves dans
tout l'organisme. Les propriétés malfaisantes de la Rue sont
répandues dans toutes ses parties ; la tige, les feuilles, les
fleurs, les graines et la racine, les possèdent au même
degré.

Rue.

GOUËT TACHETÉ (*Acum maculatum*). Famille des *Aroïdées*. Plante vivace par ses racines tuberculeuses, arrondies, de la forme d'un navet rond, ou turneps. — Pas de tige. — Feuilles toutes radicales, d'un vert lustré, tachées de brun noir. — Hampe terminée par une spathe droite, en forme de cornet très-allongé, verdâtre au dehors, blanchâtre en dedans. — Spadice plus court que la Spathe, d'abord jaunâtre, tournant au pourpre livide. — Anthères sur plusieurs rangs, surmontant les pistils. — Fruit, baie rouges à leur maturité, uniloculaires, le plus souvent monospermes.

On rencontre partout en Europe le Gouët tacheté, le long des haies et sur la lisière des bois, spécialement dans les terrains humides. Ses feuilles qui se développent de très-bonne heure au printemps, le font aisément reconnaître. Toutes les parties du Gouët tacheté sont pénétrées d'un suc âcre, lequel est un poison très-actif. Ce suc est doué d'une propriété singulière ; lorsqu'il est mis en contact avec les organes du goût, il n'y produit, dans le premier moment, aucune

Gouët tacheté.

sensation pénible. On peut mâcher une feuille ou une racine de gouët tacheté sans lui trouver aucun mauvais goût. Mais, quelques instants après, on éprouve la même sensation que si la langue et le palais étaient piqués par des milliers d'aiguilles. L'huile d'olive fait passer à la longue cette douleur très-vive, que nulle boisson adoucissante ne peut calmer. Si des enfants commettent l'imprudence d'avaler un morceau de racine de Gouët tacheté, ce qui peut arriver, parce que cette racine blanche n'a aucune saveur repoussante, leur vie peut être en danger.

La médecine a renoncé depuis longtemps à faire usage du Gouët tacheté, dont les feuilles pilées, en raison de leur âcreté, étaient appliquée à l'extérieur comme médicament rubéfiant, ou même comme vésicatoire. La racine, quand elle est sèche, perd ses propriétés caustiques et peut être prise sans danger; mais, on ne doit en attendre aucun des effets utiles qui lui ont été longtemps et très-gratuitement attribués.

SERPENTAIRE (*Aristolochia serpentaria*). — La serpentaire, dans la classification habituelle, est rangée parmi les plantes médicinales et non parmi les plantes vénéneuses; je crois qu'il est nécessaire de la maintenir sur la liste des plantes vénéneuses. Pendant tout le dernier siècle, la racine fibreuse de la serpentaire passait pour un médicament d'une grande efficacité; cette racine, prise soit en poudre, soit en infusion, seule ou associée à d'autres substances excitantes, était en grande faveur; on la nommait *Serpentaire de Virginie*, parce qu'en effet elle était expédiée aux droguistes d'Europe par ceux de l'État de Virginie, dans l'Amérique du Nord. Aujourd'hui, la serpentaire est délaissée par les médecins sérieux, mais non par les guérisseurs de contrebande. Ceux-ci la cultivent à cet effet et l'emploient fré-

quemment dans nos départements du centre et du midi
contre les fièvres rebelles, la morsure de la vipère, et même
contre l'épilepsie et la rage ; il va sans dire que, pour
combattre ces deux dernières maladies, la serpentaire ne

Serpentaire.

produit et ne peut produire aucun effet Elle est également
inefficace contre la morsure de la vipère; mais, comme la
morsure de ce reptile est rarement mortelle, surtout quand
elle atteint les robustes habitants des campagnes, le malade finit par guérir, en vertu du simple effort de la nature,
le guérisseur s'en attribue l'honneur et le profit. On voit
que, sous ce rapport, la croyance aux vertus imaginaires
de la racinede Serpentaire peut exposer les malades à des
dangers réels, rien qu'en les empêchant de recourir sans
retard au secours de la médecine qui pourrait les sauver.

Prise à dose un peu trop forte pour couper les fièvres intermittentes, la racine de Serpentaire donne lieu à une superpurgation qui change les caractères de la fièvre et peut
déterminer la mort; c'est pourquoi il est nécessaire de la
signaler comme un poison. L'instituteur, lorsqu'il trouve
cette plante dans le jardin d'une de ces femmes qui souvent, sans intérêt autre que celui de se donner de l'importance, distribuent à tort et à travers des remèdes dits *de
bonne femme*, agit sagement en faisant connaître à ses
élèves la Serpentaire comme une plante suspecte, qui, si
elle n'empoisonne pas directement, comme l'aconit et la
ciguë, peut, entre des mains inexpérimentées, agir comme
un poison en rendant mortelles des affections peu graves
en elles-mêmes.

COLCHIQUE D'AUTOMNE (*Colchicus Autumnalis*). — Type de
la famille des *Colchicacées*. Tige absente; hampe de même;
absence de feuilles à l'époque de la floraison; fleur à tube
très-allongé, sortant directement d'une bulbe solide; limbe
de a fleur violacé, à six segments. Au printemps de l'année suivante, capsule contenant la graine, entourée de
feuilles radicales, entières, redressées.

Tout le monde connaît la fleur du Colchique, dont les

prairies sont fréquemment couvertes à l'arrière-saison.
Toute la plante, fleurs, feuilles, fruit, tubercule, est un
poison mortel dont l'action est aussi violente quand la plante
est sèche que lorsqu'elle est à l'état frais. Une très-petite
quantité de Colchique mêlée aux aliments d'un chien même
de forte taille, suffit pour le faire périr : de là le nom de
Tue-Chien, donné au Colchique dans les campagnes.

Avertis par leur instinct naturel, les bestiaux ne s'em-
poisonnent jamais au pâturage avec le Colchique. Mais,
quand des feuilles et des fruits de Colchique se trouvent
mêlés au fourrage frais ou sec donné aux bestiaux à la
mangeoire, ils sont empoisonnés. Rien ne serait plus facile
que de détruire complétement le Colchique dans nos prairies ; il suffirait pour cela de faire cueillir les fleurs par

des enfants en automne, et
de leur faire arracher les
bulbes quand les feuilles paraissent hors de terre au
printemps. Elles sont alors
très-visibles, parce qu'elles
se montrent de très-bonne
heure avant que l'herbe des
prairies ait commencé à
pousser.

L'oignon du Colchique en
est la partie la plus vénéneuse ; il est de la grosseur
d'une petite noix, brun à
l'extérieur, blanc à l'intérieur. L'eau fortement vinaigrée est le seul remède
efficace en cas d'empoisonnement par le Colchique ;

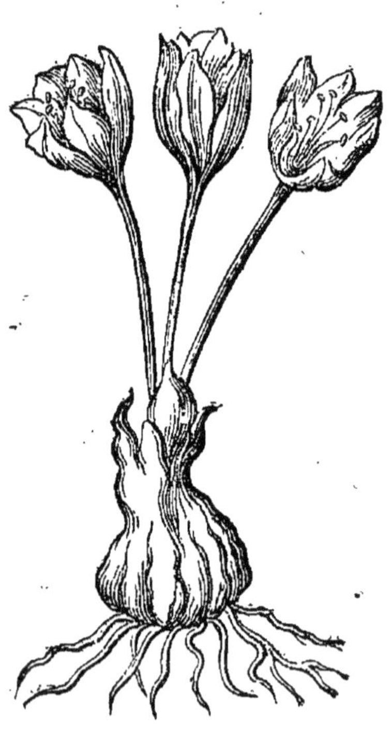

Colchique.

les chiens et les bêtes bovines empoisonnés de cette manière seraient toujours sauvés s'il était possible de leur faire boire en temps utile de l'eau vinaigrée en grande quantité. Malheureusement, c'est ce qui est rarement possible ; le Colchique ne produit pas ses effets funestes immédiatement ; quand les premiers symptômes d'empoisonnement se manifestent, les secours arrivent presque toujours trop tard.

La médecine emploie, mais avec beaucoup de circonspection, l'oignon de Colchique infusé dans le vinaigre ; c'est un sudorifique puissant. Le vinaigre de Colchique peut, sinon guérir radicalement, du moins soulager efficacement les douleurs de goutte ; mais c'est un remède scabreux, dont il est prudent de ne faire usage que d'après les prescriptions d'un médecin expérimenté.

AMANITE VÉNÉNEUSE (*Agaricus bulbosus*). — Famille des *Champignons*. — Chapeau soutenu par un pédicule central. — Forme du chapeau très-régulière. — Feuillets blancs inégaux. — Mycélium blanc. — Volva persistant à la base du pédicule.

Ce champignon n'est pas réellement bulbeux, comme son nom botanique semble l'indiquer. Au moment où il sort de terre, il est enveloppé d'un tégument nommé *Volva*, dont une partie demeure adhérente au pied du pédicule, de sorte que le champignon a l'air de sortir d'une bulbe, qui, en réalité, n'existe pas.

L'Amanite vénéneuse est un des plus perfides parmi les champignons vénéneux qui donnent lieu si souvent à des empoisonnements accidentels. C'est qu'elle ressemble beaucoup au champignon comestible connu sous le nom vulgaire de *Pratelle*, parce qu'il croît au printemps et en automne dans les prés élevés et secs ; l'Amanite vénéneuse se rencontre fréquemment dans le voisinage de l'agaric comestible, ou pratelle ; comme ce champignon, elle est *toujours terrestre* et ne pousse jamais en parasité sur aucun végétal. L'Amanite vénéneuse ne se distingue nettement de la pratelle que par un seul caractère ; mais ce caractère est tellement tranché, qu'avec un peu d'attention il est, pour ainsi dire, impossible de s'y méprendre. Les feuillets ou lames qui garnissent le dessous du chapeau du champignon comestible sont *toujours* d'un rose clair ; les feuillets de l'Amanite vénéneuse sont *toujours blancs ;* il n'y a pas à s'y tromper.

Néanmoins, tous les ans, des familles entières périssent empoisonnées par l'Amanite vénéneuse récoltée en même temps que la pratelle. Les effets de ce poison sont d'autant plus funestes qu'ils ne se manifestent qu'au bout de plusieurs heures, de sorte que les secours arrivent le plus souvent trop tard. On ne peut s'élever avec trop d'insistance contre le préjugé fatal qui fait considérer les liqueurs alcooliques, l'éther et les gouttes d'Hoffmann, comme pouvant soulager les convulsions qu'éprouvent les gens empoisonnés par l'Amanite vénéneuse et les autres champignons vénéneux; le principe délétère de tous ces champignons, celui de l'Amanite comme les autres, est soluble dans l'alcool et dans l'éther ; en introduisant ces liquides dans leur estomac, on ne peut qu'augmenter leurs souffrances et hâter leur mort. Il faut, en pareil cas, faire vomir, d'abord, puis administrer par petites doses, de minute en minute, de l'eau vinaigrée et de l'eau albumineuse, c'est-à-dire du blanc d'œuf délayé dans de l'eau, en attendant les secours de la médecine. Ce qui rend si fréquents les empoisonnements par l'Amanite vénéneuse et par les autres champignons pernicieux, c'est le préjugé qui fait croire généralement que, quand une cuillère d'argent trempée dans la sauce des champignons accommodés ne noircit pas, les champignons sont inoffensifs ;

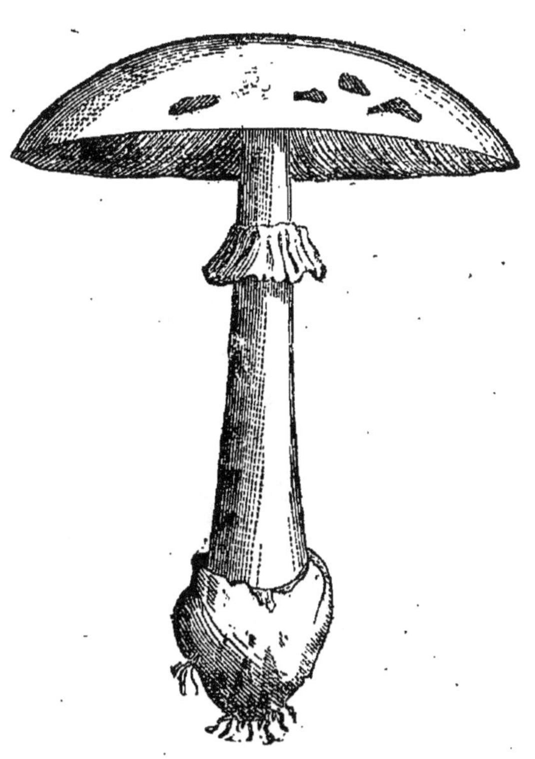

Amanite vénéneuse.

cette épreuve ne prouve rien du tout. Ceux qui, dans les campagnes, recherchent la pratelle au printemps et en automne, doivent considérer avec une attention scrupuleuse les lames du dessous du chapeau; les champignons dont les lames sont blanches, sans aucune nuance de rose ou de lilas, sont des amanites vénéneuses ; ils peuvent, même en petite quantité, mêlés à de bons champignons, donner la mort.

AGARIC MEURTRIER (*Agaricus necator*). — Ce champignon ne justifie que trop son nom; celui qui en a mangé, même à faible dose, est perdu s'il n'est secouru par un médecin expérimenté sans perte de temps. L'Agaric meurtrier est d'autant plus perfide, plus difficile à reconnaître que sa forme et ses caractères manquent essentiellement de constance. Habituellement, le chapeau est d'un rose clair; quelquefois il est couleur de rouille. Il est assez souvent garni d'une sorte de peluche abondante, surtout vers les bords du chapeau, qui sont roulés en dessous ; souvent aussi la peluche manque totalement. Les feuillets, de grandeur inégale, sont ordinairement blancs ; quelquefois aussi ils sont d'un jaune pâle, tournant au rougeâtre. Toutes les parties de ce champignon sont imprégnées d'un suc laiteux, blanc ou jaunâtre, d'une excessive âcreté. Fort heureusement l'Agaric meurtrier ne ressemble que de loin à quelques espèces de champignons comestibles ; néanmoins, les empoisonnements accidentels par ce champignon ne sont pas aussi rares qu'ils le seraient sans la vanité présomptueuse de ceux qui prétendent à tort connaître si bien les bons champignons, qu'ils ne veulent pas, dussent-ils s'empoisonner et empoisonner les autres , avouer qu'ils peuvent se tromper. Il faut, en cas d'accidents causés par l'Agaric meurtrier, faire vomir à tout prix, puis courir à toutes jambes après le médecin.

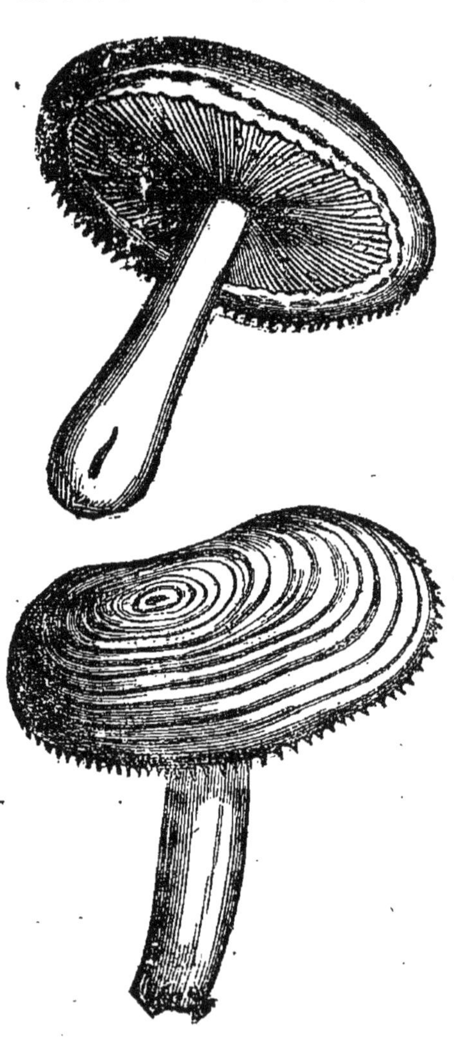

Agaric meurtrier.

Ces deux figures représentent l'Agaric meurtrier sous deux aspects différents, afin de faire voir la disposition des bords du chapeau et celle des feuillets, caractères qui peuvent aider à le reconnaître.

AGARIC FAUSSE ORONGE (*Agaricus muscarius*). Les empoisonnements accidentels causés par ce champignon sont très-fréquents, parce qu'il ressemble. beaucoup à *l'oronge vraie* (*Agaricus aurantiacus*), espèce comestible et inoffensive. Les différences entre l'oronge vraie et la fausse oronge sont basées sur des caractères qui ne sont pas toujours faciles à saisir. L'oronge vraie, dont le chapeau est du même rouge que celui de la fausse oronge, est exempte de taches blanches ; le chapeau de la fausse oronge en est le plus souvent parsemé, mais, il ne l'est pas toujours. Les botanistes font une variété distincte de la fausse oronge d'un rouge uniforme, sans taches : je pense que c'est une erreur. Les deux oronges, la fausse aussi bien que la vraie, sortent de terre avec une enveloppe (*Volva*) d'un blanc mat, quelquefois teintée de jaune clair. Le volva de l'oronge vraie se déchire quand le champignon qu'il renferme est devenu trop grand pour pouvoir y être contenu ; il s'en détache complétement. Le volva de la fausse oronge se déchire de même ; mais, comme toute la surface du chapeau de ce champignon est plus ou moins gluante, des parcelles du volva y demeurent adhérentes, ce qui parsème le chapeau de taches blanches inégales. Cette particularité n'est pas constante ; la fausse oronge se détache quelquefois de son Volva aussi complétement que l'oronge vraie ; elle ne peut plus alors en être distinguée par ce caractère. Il en existe heureusement un autre auquel il est, pour ainsi dire. impossible de se tromper ; les lames ou feuillets de l'oronge vraie sont *toujours* d'un beau jaune franc ; les feuillets de la fausse oronge, que son chapeau soit ou ne soit pas taché de blanc, sont *toujours* blancs, le plus souvent d'un blanc de neige; quelquefois seulement, ils sont très-légèrement teintés de jaunâtre. Les vomitifs et l'acétate d'ammoniaque sont les seuls remèdes offerts en cas d'empoisonnement par la fausse oronge; les secours de l'art médical ne sont pas moins urgents que quand l'empoisonnement provient de l'Agaric meurtrier.

Agaric fausse oronge entièrement développé .   Le même sortant de son volva.

3,

DEUXIÈME SÉRIE

PLANTES MÉDICINALES

—

PREMIÈRE SECTION

Plantes dépuratives

Rien de moins exact, au point de vue médical, que le nom donné aux plantes médicinales de cette section. Le nom de *dépuratives* leur a été imposé du temps où le sang était considéré comme un liquide tantôt pur, tantôt impur, auquel l'emploi de certaines substances médicamenteuses pouvait rendre sa pureté. Presque toutes les plantes dites dépuratives contiennent un principe tonique capable de raviver l'organisme, surtout chez les enfants qui ont plus ou moins de peine à se développer ; toutes sont d'ailleurs complétement inoffenvises, ce qui les rattache essentiellement au domaine de la médecine domestique.

DOUCE-AMÈRE (*Solanum dulcamara*). — Famille des *Solanées*, — Tiges flexibles, grimpantes. —Feuilles ovales pointues. entières ou trilobées. — Fleurs violettes, en grappe renversée. — Les autres caractères botaniques en tout semblables à ceux de la morelle noire. (V. *Morelle noire*). Baies d'abord vertes, passant au jaune, puis au rouge vif.

Là Douce-amère est commune partout en France, dans les haies et sur la lisière des bois. Les baies qui succèdent à ses fleurs ne sont nullement inoffensives, comme quelques auteurs l'ont avancé; elles produisent fréquemment chez les jeunes enfants qui se laissent tenter par leur apparence appétissante, tous les effets des poisons narcotiques végétaux; il en peut résulter des maladies graves, si les secours ne sont pas administrés à temps. Les vomitifs d'abord, puis, l'eau vinaigrée, et en dernier lieu, le café noir très-fort à petites doses, sont les moyens à employer pour combattre les effets de l'empoisonnement par les baies de la Douce-amère. On insiste sur leurs propriétés réellement dangereuses, parce que plusieurs traités de matière médicale rapportent des expériences faites sur des chiens à qui l'on a fait avaler avec leurs aliments, de cinquante à soixante baies de Douce-amère, et qui n'en ont pas même été incommodés; la raison en est simple. La peau des baies de Douce-amère est relativement fort dure; elle résiste à l'action digestive de l'estomac des chiens qui les rejettent entières, telles qu'ils les ont absorbées : rien d'étonnant à ce qu'elles ne produisent sur eux aucun effet. Mais, qu'on leur donne la même dose de ces baies écrasées, ils sont empoisonnés et meurent, s'ils ne sont pas secourus. Or, un enfant qui voit de jolis fruits rouges dans une haie, et qui en mange volontiers, leur saveur n'ayant rien de désagréable, les mâche avant de les avaler, et s'empoisonne; c'est ce que l'instituteur ne doit pas manquer de faire bien comprendre à ses élèves.

On prépare avec les feuilles fraîches et les sommités fleuriés de la Douce-amère écrasées, des cataplasmes d'un effet certain pour soulager les douleurs très-vives causées aux nourrices par l'engorgement des glandes du sein. Les propriétés utiles de la Douce-amère résident principalement dans la tige. Lorsqu'on la mâche, elle a une saveur d'abord sucrée, qui devient bientôt franchement amère, et qui justifie le nom de la plante. En été, on peut faire provision

des tiges de la Douce-amère tandis qu'elle est en pleine
fleur; ces tiges desséchés à l'ombre, à l'air libre, sont divisées en tronçons de quelques centimètres de long. Trente
grammes de ces tiges séchées, pour un litre et demi d'eau
réduit à un litre par l'ébullition prolongée, donnent une

Douce-amère.

décoction très-utile dans tous les cas de fatigue d'estomac à la suite de travaux rudes et continus. Les enfants surtout, qu'à la campagne on est quelquefois forcé d'associer à ces travaux au-dessus de leurs forces, se remettent promptement par l'usage de la décoction de Douce-amère qui ranime leur appétit, et ravive par là tout leur organisme. La même décoction est aussi très-utile pour seconder l'action des remèdes extérieurs prescrits par le médecin pour la guérison des diverses maladies de la peau.

AUNÉE (*Inula helénium*). Famille des *Synanthéreés.* — Plante vivace.— Tiges dressées, ramifiées, hautes d'un mètre à 1 mètre 30. — Feuilles amples, alternes, sessiles, d'un vert plus pâle en dessous, plus foncé en dessus. — Fleurs d'un jaune d'or. — Involucre composé d'écailles imbriquées, surmontées d'un appendice étalé, foliacé. — Réceptacle commun, nu et plan. — Calathide radiée. — Fleurs centrales nombreuses, hermaphrodites. — Fleurs de la circonférence femelles. — Anthères à longs appendices basiliaires, plumeux. — Ovaires cylindriques. — Aigrette plumeuse.

On rencontre l'*Aunée* dans les prairies au sol fertile et frais et dans les bois au sol plus ou moins humide, en France et dans toute l'Europe. La racine, brune au dehors, jaune à l'intérieur, est la seule partie utile de l'Aunée. La médecine moderne a presque entièrement délaissé cette racine, dont néanmoins les propriétés toniques et stomachiques sont incontestables. La racine d'Aunée, à l'état frais, exhale une odeur presque vireuse; lorsqu'elle est sèche, cette odeur se change en un parfum analogue à celui de la violette. On doit arracher la racine d'Aunée au printemps, quand les feuilles radicales commencent à se montrer. La dessiccation est assez difficile à obtenir; on la facilite en divisant les grosses racines en rouelles minces, transversalement au sens de leur longueur.

On fait infuser la racine sèche d'Aunée dans du vin blanc; la dose est de 60 grammes pour un litre; après trois jours d'infusion, on passe au travers d'un linge le vin d'Aunée, d'une efficacité réelle contre les affections scorbutiques et scrofuleuses. Ce vin favorise le travail de la croissance chez les enfants d'un tempérament lymphatique et délicat; on peut le considérer comme l'un des médicaments les plus

Aunée.

utiles, et dans tous les cas, les plus inoffensifs, du domaine de la médecine domestique.

Les tranches de racine d'Aunée cuites dans l'eau, égouttées, confites dans le sirop de sucre et conservées sèches, sont très-utiles contre la paresse d'estomac dont souffrent souvent à la campagne les hommes les plus robustes, après les rudes fatigues de la fenaison et de la moisson ; on en prend deux ou trois rouelles, le matin à jeun. Ce médicacament a pour effet immédiat de faire renaître l'appétit et de dissiper en quelques jours les suites d'un travail excessif.

SCABIEUSE (*Scabiosa arventis*). — Famille des *Dipracées*. — Tige dressée, de 50 à 60 centimètres. — Feuilles opposées, seniles.— Fleurs en tête, sur un réceptacle commun. — Involucre composé de folioles disposées sur plusieurs rangs. — Involucelle à chaque fleur. — Calice adhérent. — Limbe à 5 segments sétacés. — Corolle tubuleuse à 4 ou 5 divisions insérée sur le calice. — 4 ou 5 étamines à filets saillants. — Anthères oblongues, biloculaires. — Ovaire surmonté d'un style filiforme. — Fruit ovale oblong, renfermant une seule graine.

Tout le monde connaît la *Scabieuse*, dont la fleur d'un bleu lilacé clair, est une des plus gracieuses parmi celles qui s'épanouissent à l'état sauvage sur notre territoire. Le nom de la Scabieuse dérivé du mot latin *scabies*, gale, témoigne des propriétés qui lui ont été longtemps attribuées, comme puissant antidote contre la gale et les autres maladies de la peau. Une variété très-voisine de la Scabieuse commune, la Scabieuse à racine tronquée (*scabiosa succoisa*) passait surtout pour posséder sous ce rapport une efficacité toute spéciale. La légende rapportait que Satan, irrité des guérisons opérées par cette Scabieuse, l'avait ar-

Scabieuse.

rachée, mordue profondément à la racine, et replantée avec la conviction qu'elle ne pouvait manquer de périr ; elle survécut cependant, par miracle, mais en gardant à sa racine la trace ineffaçable de la morsure de Satan. C'est pourquoi d'anciens botanistes l'ont désignée sous le nom de *morsure du diable* et par abréviation *mort du diable (mortus diaboli)*. L'infusion de la racine de cette Scabieuse exhale une odeur aromatique analogue à celle du thé. Il y avait assurément beaucoup d'exagéra-

tion dans les vertus accordées par la crédulité de nos ancêtres à ces deux espèces de Scabieuse ; mais, il y aurait injustice à leur refuser toute efficacité. La décoction de la plante entière, y compris la racine, est très-utile pour le traitement des affections scrofuleuses et cutanées ; l'infusion des fleurs seules est excellente contre toutes les maladies des organes de la respiration ; sous ces deux rapports, la Scabieuse mérite une place distinguée parmi nos meilleures plantes médicinales.

FUMETERRE OFFICINALE (*Fumaria officinalis*). Plante annuelle, de la famille des *Fumariées*. Tiges flexibles, fistuleuses. — Feuilles formées de lobes obtus trè nombreux. Fleurs en épis axillaires. — Calice à deux sépal s opposés. Corolle à quatre pétales ; six étamines soudées trois à trois ; filets planes, dilatés à la base ; anthères granuleuses ; style simple, plane. — Ovaire comprimé. — Fruit globuleux, ovoïde.

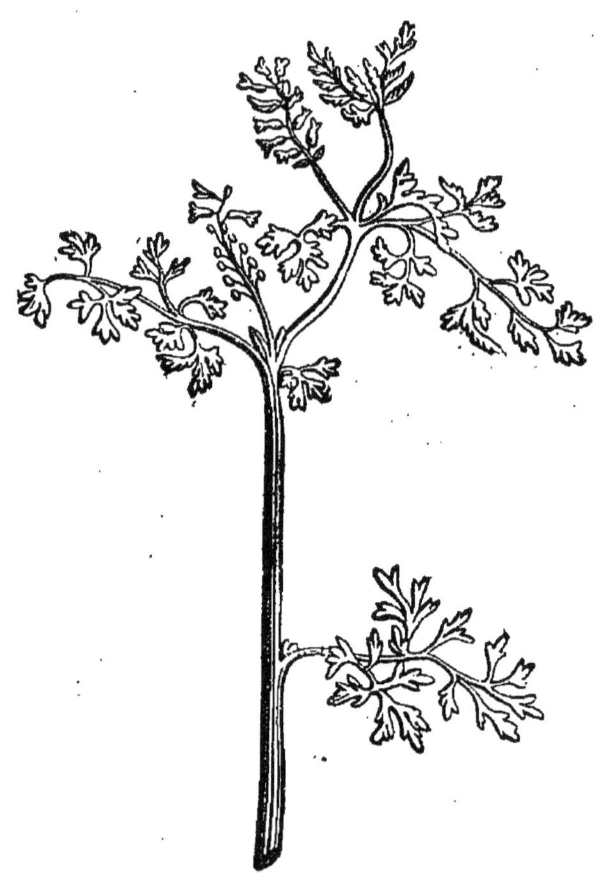

Fumeterre officinale.

Si la *Fumeterre* n'était pas commune partout en Europe, à l'état de mauvaise herbe dans les champs et dans les jardins, et qu'elle fût importée d'un pays lointain dans nos parterres, elle y tiendrait un rang des plus distingués comme plante d'ornement, par l'élégance de son feuillage et de ses épis redressés, de fleurs tantôt violacées, tantôt d'un blanc teinté de rose, avec une tache de pourpre foncé. Le suc exprimé de la fumeterre pilée à l'état frais est souvent prescrit aux enfants faibles et à ceux qui sont atteints de maladies de la peau. La décoction de la plante sèche est administrée dans le même but, quand on ne trouve plus de Fumeterre à l'état frais. La dose est d'un demi-verre de suc de Fumeterre, le matin à jeun, et de trois verres de décoction prise froide dans le courant de la journée.

SAPONAIRE OFFICINALE (*Saponaria officinalis*). — Plante vivace, de la famille des *Cargophyllées*. — Tiges dressées, interrompues par des nœuds fragiles. — Feuilles opposées, entières, sessiles. — Fleurs d'une rose pâle, disposées en corymbe. — Calice à cinq dents, allongé, tubuleux, persistant. — Corolle à cinq pétales onguiculés ; dix étamines anthères oblongues ; deux, de la longueur des étamines. — Ovaire arrondi. — Capsule allongée, recouverte par le calice persistant.

On rencontre fréquemment la *Saponaire* dans les lieux incultes, sur les revers des ravins et des fossés humides, surtout aux expositions de l'est et du sud. Une élégante variété à fleurs doubles est cultivée dans les jardins. Aucune plante médicinale de cette section ne produit des effets plus marqués que ceux de la Saponaire ; on la récolte au moment de la pleine floraison, pour l'employer à l'état sec. La dose est d'une poignée pour un litre de décoction qui ne doit pas bouillir plus de quelques minutes. On en fait

prendre deux à trois verres par jour aux enfants d'un tempérament lymphatique, et à ceux qui sont atteints de maladies scrofuleuses. La tisane de Saponaire seconde le traitement, quel que soit le degré de l'affection à combattre;
on la prend froide, légèrement sucrée ou miellée.

En économie domestique, on utilise la Saponaire pour
enlever les taches du linge et de toute espèce de tissus. On
en prépare à cet effet une très-forte décoction qui mousse
comme l'eau de savon, et qui s'emploie de la même manière. La décoction de Saponaire fraîche est plus savon-

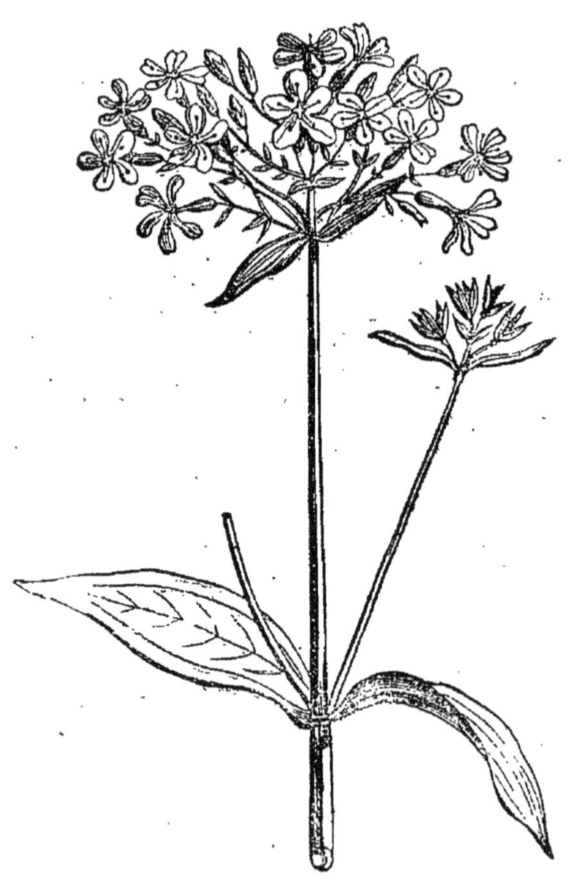

Saponaire.

neuse que celle de la même plante sèche ; cette propriété connue de toute antiquité, est l'origine du nom de la Saponaire.

BARDANE (*Arctium Lappa*). Plante vivace, de la famille des *Carduacées*. Tiges dépassant souvent un mètre de haut. — Feuilles amples, blanchâtres en dessous, d'un vert terne à leur surface supérieure. — Involucre globuleux ; à écailles longues, étroites, dont la pointe se termine en crochet. — Réceptacle plane, garni de soies courtes. — Fleurs

Bardane.

hermaphrodites, toutes fertiles; corolle tubuleuse. — Fruit anguleux pourvu d'une aigrette courte, sessile.

On trouve partout en France la *Bardane* dans les lieux incultes, elle n'est rare que dans nos départements méridionaux; elle ne résiste pas aux sécheresses trop prolongées. La racine de la Bardane, seule partie de la plante usitée en médecine, est charnue et coriace. On en prépare, après l'avoir fait sécher, une décoction à la dose de 60 grammes pour un litre d'eau. Cette décoction est une de celles qui favorisent le plus efficacement l'action des médicaments externes employés dans le traitement des maladies de la peau. On doit récolter au printemps mieux qu'en automne la racine de Bardane, au moment où ses feuilles radicales sortent de terre; elle possède au plus haut degré, l'intégrité de ses propriétés utiles.

PATIENCE (*Rumex patientia*). Plante vivace, de la famille des *Polygonées*. — Tige dépassant souvent 1 ᵐ. 50 de haut. — Feuilles amples, sinuées sur leurs bords, terminées en pointe. — Fleurs verdâtres, distribuées par groupes le long de la tige. — Calice à deux lames dont une pétaloïde, à trois segments, persistante; six étamines. — Ovaire surmonté de trois stigmates rameux. — Graine noire, triangulaire.

La *Patience*, commune dans les prairies humides de toutes les contrées froides et tempérées de l'Europe, présente dans son ensemble beaucoup de ressemblance avec l'oseille des jardins, qui appartient comme elle au genre *Rumex*. La racine est la partie de la plante utilisée pour l'usage médical. Cette racine, assez difficile à arracher à cause de sa longueur, est pivotante, simple ou très-peu ramifiée, brune en dehors, jaunâtre à l'intérieur, d'une saveur acerbe, légèrement amère. Elle contient du soufre à l'état libre en assez grande quantité, ce qui rend compte de

Patience.

l'efficacité de sa décoction dans le traitement des affections scrofuleuses et des maladies de la peau. Les marins qui s'embarquent pour des voyages de long cours, pendant lesquels les viandes salées et les légumes secs, aliments qui prédisposent au scorbut, seront nécessairement la base de leur nourriture, font sagement d'emporter avec eux une bonne provision de racine sèche de Patience, afin de pouvoir en boire de temps en temps la décoction, même quand ils ne sont pas malades ; c'est un excellent préservatif contre le scorbut. La racine de Patience doit être récoltée au printemps, avant la floraison de la plante ; quand celle-ci a fleuri et porté graine, sa racine a perdu une grande partie de ses propriétés médicinales. La décoction de racine de Patience s'emploie de la même manière et à la même dose que la décoction de racine de Bardane.

DEUXIÈME SECTION

Plantes amères

Les plantes de cette section, bien qu'elles appartiennent à des familles qui n'ont entre elles que des rapports de parenté fort éloignés, contiennent toutes un principe amer, tonique, dans lequel résident leurs propriétés médicinales. On a réuni dans cette section seulement celles d'entre les plantes amères qui sont du domaine de la médecine domestique.

ABSINTHE OFFICINALE (*Artemisia absinthium*). — Plante vivace de la famille des *Synanthérées*. — Tige herbacée, rameuse. — Feuilles bipinnatifides cotonneuses sur leurs deux surfaces. — Fleurs jaunes, en capitules globuleux. — Réceptacles garnis d'écailles sétacées. — Fleurons tous fertiles. — Ceux du centre, hermaphrodites. — Ceux de la circonférence, femelles. — Corolle tubuleuse renflée à la base. — Limbe bifide. — Style plus long que la corolle. — Fruit dépourvu d'aigrette.

L'Absinthe n'est commune à l'état sauvage que dans les pays montagneux, spécialement dans la partie française de la chaîne du Jura ; partout ailleurs, on la cultive dans les jardins comme plante médicinale. L'Absinthe a été de tout temps considérée comme la plus haute expression de l'amertume. Le principe amer répandu dans toute la plante, fleurs, feuilles, tige et racines, est tellement pénétrant qu'il se communique au lait des vaches et des chèvres, quand elles ont brouté une quantité, même très-minime, de cette plante. On peut l'employer avec succès, sèche, en poudre, à la dose de 50 centigr., comme un vermifuge très-actif; mais son amertume excessive la rend si répugnante que les enfants atteints de maladies vermineuses l'acceptent difficilement. On prépare un vin d'Absinthe, tonique et vermifuge tout à la fois, en faisant infuser 4 à 5 grammes d'absinthe sèche dans un litre de vin blanc, pendant vingt-quatre heures; les enfants s'habituent assez facilement à l'usage du vin d'Absinthe, qu'on leur fait prendre à la dose d'un petit verre à liqueur, le matin à jeun. C'est un médicament exempt de tout inconvénient, qui peut presque toujours prévenir les maladies vermineuses, en même temps qu'il favorise les fonctions de l'appareil digestif, principalement chez les enfants de 7 à 12 ans. Mais, autant l'Absinthe peut être utile lorsqu'on en use dans les limites qu'on vient d'indiquer, autant elle devient nuisible lorsqu'on en abuse.

En 1814, le docteur Chaumeton écrivait dans la *Flore médicale* : « On prépare avec l'Absinthe une liqueur de table dont les gourmands et les personnes qui ont l'estomac paresseux prennent un petit verre après le repas, pour faciliter la digestion. » On ne se doutait guère à cette époque de l'espèce de passion dont la liqueur spiritueuse d'Absinthe est devenue l'objet depuis quelques années, passion qui a valu à l'Absinthe une place parmi les poisons. Cette liqueur funeste ne produit pas seulement l'ivresse, comme peuvent la produire toutes les boissons alcooliques, elle attaque profondément le système nerveux, elle affaiblit graduellement les facultés intellectuelles, elle mine les constitutions les plus robustes, elle conduit ceux qui en boivent habituellement au marasme et à la démence.

La passion des buveurs d'Absinthe est d'autant plus inexcusable que cette liqueur est un breuvage d'une saveur affreuse, qui ne présente rien d'attrayant. On ne peut trop recommander aux instituteurs d'user de toute leur influence pour empêcher leurs élèves les plus âgés d'approcher leurs lèvres de ce poison, pour faire comme les autres. Quand les autres font mal, il faut bien se garder de les imiter.

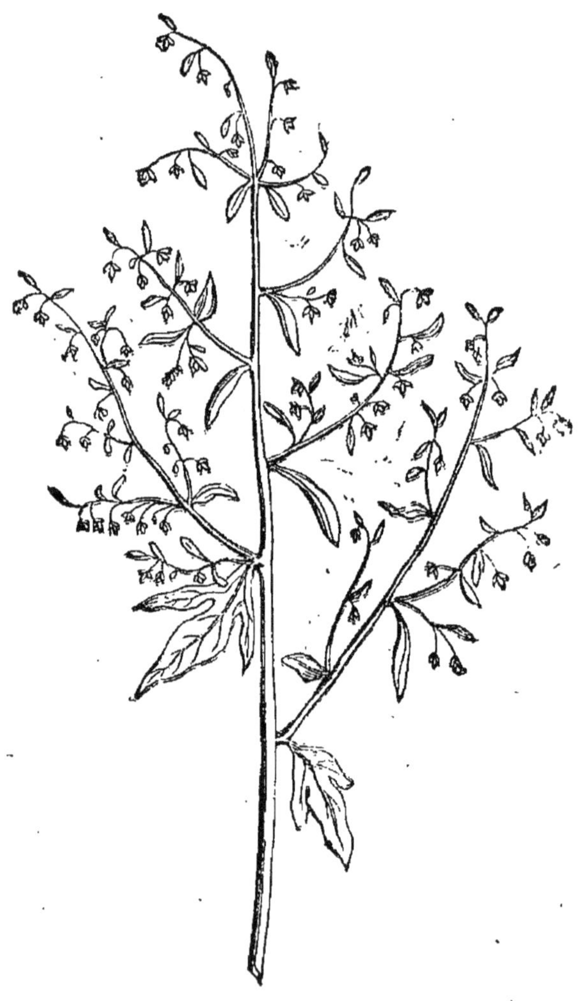

Absinthe.

GENTIANE DORÉE (*Gentiana lutea*). — Type de la famille des *Gentianées*. — Tige ronde, droite, fistuleuse. — Feuilles opposées, ovales aiguës. — Fleurs pédonculées, accompagnées de bractées, — Verticillées, — formant un épi terminal. — Calice de la consistance du parchemin, à trois ou quatre dents. — Corolle à cinq ou six divisions. — Cinq ou six étamines. — Anthères oblongues, filets plus courts que la corolle. — Ovaire fusiforme. — Style à deux stigmates lamellaires, persistants, fruit, capsule fusiforme aiguë, déhiscente, à deux valves uniloculaires.

La Gentiane dorée, très-commune dans les Alpes françaises, décore les pentes de ces montagnes de sa floraison brillante pro-

Gentiane dorée.

longée, respectée des bestiaux ; toutes les parties de cette plante contiennent un principe amer qui inspire aux animaux herbivores une répugnance insurmontable. Dans les Alpes, les vaches et les chèvres broutent quelquefois les sommités de l'absinthe, qui nous paraît bien autrement amère que la Gentiane, jamais elles ne touchent à la Gentiane. La racine de la Gentiane dorée, brune en dehors, jaune à l'intérieur, possède une amertume franche sans être aromatique. On en prépare un vin amer très-utile pour rétablir les forces digestives de l'estomac, spécialement à la suite des fièvres intermittentes prolongées. La dose est de 30 grammes de racine sèche de Gentiane, infusée pendant vingt-quatre heures dans un litre de vin blanc, avec 15 grammes d'écorces sèches d'oranges amères. On fait prendre ce vin comme le vin d'absinthe, à la dose d'un petit verre pris le matin à jeun, ou bien immédiatement avant le principal repas de la journée.

MILLEFEUILLE (*Achillea Millefolium*). — Plante vivace de la famille des *Synanthérées*. — Tiges hautes de 60 à 80 centimètres, simples, striées, velues. — Feuilles allongées, à segments nombreux, linéaires, multifides. — Fleurs blanches ou légèrement teintées de rose, disposées en corymbes au sommet des tiges. — Cinq demi-fleurons radiés à la circonférence. — Involucre cylindracé, à feuilles imbriquées. — Réceptacle commun, saillant, hémisphérique. — Demi-fleurons femelles fertiles, à corolle courte. — Fleurs hermaphrodites à corolle tubuleuse, évasée, à cinq lobes réguliers. — Style terminé par deux stigmates recourbés. — Fruit anguleux, sans aigrette.

Le Millefeuille, qui doit son nom aux innombrables segments de ses feuilles, se rencontre partout en France à l'état sauvage, surtout dans les terrains secs et pierreux.

C'est une des plantes dont, au moyen âge, les religieux et les dames châtelaines faisaient le plus fréquent usage pour panser les plaies d'armes blanches. Le Millefeuille possède, en effet, à un degré remarquable, la propriété d'arrêter le sang, lorsqu'on applique sur la blessure les feuilles fraîches

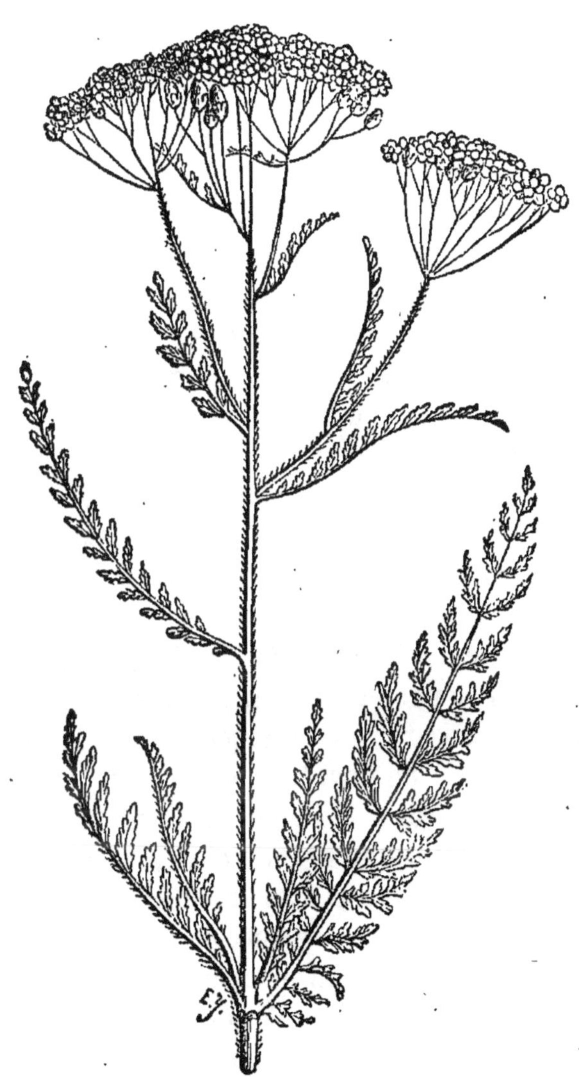

Mille-feuille.

pilées, sous la forme d'un cataplasme froid. Cette propriété bien connue a fait donner au Millefeuille, dans les campagnes, les noms vulgaires d'*herbe aux coupures* et d'*herbe au charpentier*, parce que le charpentier, en raison de la nature de sa besogne, est plus exposé que tout autre à se faire fréquemment de graves coupures.

Quant à son usage médical, le Millefeuille, injustement dédaigné des praticiens, est amer, tonique, légèrement astringent ; on l'emploie dans la médecine domestique, soit seul, soit associé au *Millepertuis* (*Hypericum*), en tisane, pour seconder le traitement des maladies scorbutiques et scrofuleuses.

MILLEPERTUIS (*Hypericum perforatum*). — Plante annuelle, de la famille des *Hypéricinées*. — Tige droite, ramifiée au sommet, haute de 50 à 70 centimètres. — Feuilles lisses, sessiles, opposées, lustrées, d'un vert clair. — Fleurs en étoiles, formant un bouquet terminal. — Calice à cinq divisions profondes, souvent inégales. — Corolle jaune d'or, à cinq pétales onguiculés. — Étamines nombreuses. — Filets réunis en trois ou cinq faisceaux. — Ovaire globuleux, à trois ou cinq loges polyspermes.

Le nom vulgaire du *Millepertuis*, ainsi que son nom botanique, provient d'une erreur qui a subsisté pendant des siècles. Lorsqu'on regarde au grand jour les feuilles et aussi les pétales de la fleur de l'hypéricum, on croit les voir criblées d'une multitude de petits trous ; mille pertuis veut dire en vieux français mille trous. En réalité, ces mille pertuis n'existent pas ; ce sont de petites vésicules remplies d'une huile essentielle analogue à l'essence de térébenthine ; leur tranparence parfaite, lorsqu'on place entre l'œil et une lumière vive les feuilles ou les pétales des fleurs du Millepertuis, a fait prendre ces vésicules pour des ouvertures : de là le nom donné à la plante.

On emploie avec succès dans la médecine domestique l'infusion des sommités fleuries d'hypéricum, préparées comme du thé. Cette infusion, qui doit être prise froide, à la dose de trois ou quatre verres par jour, rend de grands services dans les cantons marécageux, où règnent tous les ans au printemps et en automne les fièvres intermittentes; quand elle ne les prévient pas, elle en atténue sensiblement l'intensité. Elle sert également pour fortifier l'organisation des enfants de huit à quatorze ans, délicats et d'un tempé-

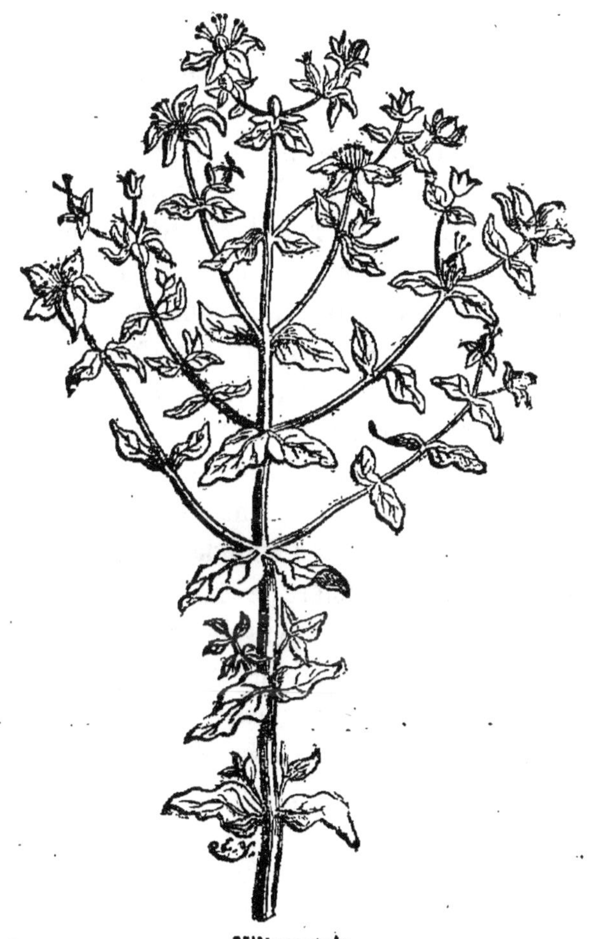

Millepertuis.

rament lymphatique, surtout quand des enfants de cet âge sont dans la nécessité d'habiter des localités humides, plus ou moins insalubres. Durant le moyen âge, le Millepertuis était employé pilé, en cataplasmes froids, comme le Mille-feuille, pour obtenir la prompte cicatrisation des plaies d'armes blanches. En faisant macérer dans l'huile d'olives les sommités fleuries de l'hypérium, cette huile prend une couleur d'un beau rouge et peut être employée pour hâter la cicatrisation des coupures.

La teinture obtient du Millepertuis des couleurs jaunes et rouges d'un très-beau ton, qui prennent également bien sur les tissus de coton, de fil, de laine et de soie.

POLYGALA (*Polygala amara*). — Plante vivace de la famille des *Polygalées*. — Tiges simples ou très-peu ramifiées, de 20 à 25 centimètres. — Feuilles entières, sessiles, d'un vert lustré. — Fleurs en épi terminal. — Calice à cinq sépales. — Corolle bleue ou rouge, irrégulière, hypogyne. — Huit étamines. — Filets soudés en deux faisceaux. — Anthère ovoïde. — Ovaire libre, comprimé, à deux loges. — Style terminal, dilaté, recourbé. — Stigmate irrégulier. — Fruit, capsule comprimée, lenticulaire.

Le *Polygala* est une des plantes les plus gracieuses de la floraison d'été; il croît en abondance sur les pelouses, les prairies élevées et la lisière des bois. Ses fleurs ont un coloris si frais et si vif, qu'en dépit de leur petitesse, on s'étonne que le polygala n'ait point encore pris place dans nos parterres comme plante d'ornement.

L'infusion de Polygala, associé à une petite quantité d'écorce fraîche de saule, est un médicament inoffensif, qu'on peut se procurer partout sans aucun déboursé, et qui peut couper la fièvre intermittente aussi bien que le quinquina ou le sulfate de quinine, spécialement chez les femmes et les enfants. L'infusion de la plante sèche est plus efficace que celle de la plante à l'état frais. On fait la récolte du Polygala pendant sa pleine floraison, qui se prolonge durant les mois de mai et de juin.

Polygala.

TROISIÈME SECTION

Plantes purgatives

Un très-grand nombre de plantes, soit sauvages, soit cultivées, sont purgatives ; on en a signalé plusieurs parmi les plantes vénéneuses, qui purgent effectivement, mais avec tant de violence que leur action équivaut à un véritable empoisonnement. Les plantes purgatives dont les effets modérés, exempts de tout danger, sont du domaine de la médecine domestique, sont les seules qui doivent être admises dans cette section.

NERPRUN (*Rhamnus catharticus*). — Arbrisseau dioïque épineux, de la famille des *Rhamnées*. — Feuilles opposées, pétiolées, ovales aiguës, d'un vert clair. — Fleurs petites, verdâtres. — Calice turbiné à sa base. — Limbe divisé en quatre lanières aiguës, étalées. — Corolle à quatre pétales linéaires, très-petits. — Ovaire des fleurs femelles déprimé, globuleux, à quatre styles soudés. — Fruit de la grosseur d'un pois renfermant trois nucules.

Tout le monde connaît le *Nerprun*, aussi nommé *Noirprun*, arbuste épineux de deux mètres et demi à trois mètres de haut, orné au printemps de petites fleurs d'un blanc jaunâtre, réunies en bouquet dans les aisselles des feuilles, et en automne de baies rondes d'abord vertes, qui deviennent à leur maturité d'un noir foncé. Ces baies, autrefois très-employées en médecine comme purgatif, sont rarement utilisées par la médecine moderne. Prises en nature, à la dose de vingt baies mûres pour une personne adulte et robuste, les baies de Nerprun purgent violemment ; elles peuvent

Nerprun.

être très-utiles pour agir avec certitude sur les tempéraments qui résistent à l'action des autres purgatifs; mais, il serait imprudent d'y recourir sans prendre l'avis du médecin. On peut, au contraire, administrer sans inconvénient, comme purgatif doux, le sirop préparé avec le jus des baies de Nerprun, associé à un poids égal de sucre blanc. Ce sirop peut être donné aux enfants, à la dose de 15 à 30 grammes, et aux personnes adultes, à celle de 45 à 60 grammes. Pendant l'effet de ce purgatif, il convient de faire prendre quelques tasses de bouillon de veau très-léger.

Les baies du Nerprun commun, et celles de deux autres

espèces également répandues dans le Midi de la France, servent à préparer pour la peinture le vert de vessie. Ce vert est moins éclatant que les verts à base de cuivre et d'arsenic; mais il ne peut donner lieu à aucun cas d'empoisonnement accidentel. Les mêmes baies, vendues sous le nom de *graines d'Avignon*, sont utilisées pour la teinture commune.

SUREAU (*Sambucus*). — Grand arbuste de la famille des *Caprisolidées*. — Calice supère, à cinq dents. — Corolle monopétale, rotacée, à cinq lobes. — Cinq étamines. — Ovaire surmonté de trois à cinq stigmates sessiles. Fruit, baie globuleuse, renfermant cinq noyaux monospermes.

Les feuilles d'un vert éclatant, et la floraison abondante du *Sureau*, le font rechercher comme arbuste d'ornement pour les jardins paysagers ; il croît à l'état sauvage dans les haies et sur la lisière des bois de toute l'Europe ; sa hauteur dépasse rarement 3 à 4 mètres. La médecine a renoncé depuis longtemps à l'emploi des feuilles et de l'écorce intérieure du Sureau, autrefois en grande réputation comme-remède souverain contre l'hydropisie. La médecine domestique fait un fréquent usage des fleurs de Sureau, qu'il ne faut employer qu'à l'état sec. Ces fleurs, ou pour parler plus exactement, les corolles de ces fleurs, seule partie utilisée, n'ont presque pas d'adhérence ; il suffit, pour en faire la récolte, de secouer au-dessus d'un linge blanc les rameaux chargés de fleurs ; elles doivent être desséchées lentement, à l'air libre, ou dans une chambre bien aérée : on les conserve à l'abri de l'humidité. Le thé très-léger de fleurs de Sureau est un des meilleurs sudorifiques à employer toutes les fois qu'il s'agit de rétablir la transpiration interrompue, et de la favoriser pendant une éruption à la peau.

On prépare avec les baies de Sureau parvenues à maturité, un sirop très-légèrement purgatif, qu'on peut donner aux très-jeunes enfants, à la dose d'une cuillerée à café lorsqu'ils sont resserrés pendant le travail de la dentition, ce qui les expose à des convulsions très-dangereuses.

Sureau.

RHAPONTIC (*Rheum Rhaponticum*). — Plante herbacée, vivace, à racines charnues, de la famille des *Polygonées*.

—Feuilles très-amples — Tige cannelée surmontée d'une
panicule rameuse, de fleurs hermaphrodites. Calice

Rhapontic.

monosépale, à cinq ou six divisions profondes. — Neuf étamines saillantes. — Ovaire triangulaire, surmonté de trois stigmates presque sessiles. — Fruit, akène à trois angles saillants, membraneux. Le *Rhapontic,* d'une culture facile et d'une extrême rusticité, était cultivé pendant tout le moyen âge dans les jardins des couvents. Les religieux l'employaient pour le traitement des malades indigents, à la place de la Rhubarbe, alors rare dans le commerce, et d'un prix élevé; c'est pourquoi le Rhapontic a été très-longtemps désigné sous le nom de *Rhubarbe des moines.* Les racines charnues, très-volumineuses, sont la seule partie utile de la plante. Prise en poudre, à la dose d'un gramme, immédiatement avant le principal repas, la racine de Rhapontic prévient l'échauffement et facilite la digestion. Les feuilles amples et molles, ainsi que les fleurs ne sont d'aucun usage.

La poudre de racine de Rhapontic purge doucement à la dose de 5 à 6 grammes pour les enfants, et de 12 à 15 grammes pour les personnes adultes; mais c'est un médicament rarement usité, parce qu'il est trop désagréable à prendre. On fait au contraire un fréquent usage du sirop préparé avec la décoction de la même racine. Ce sirop peut être administré comme purgatif très-doux aux enfants, à la dose de 15 à 30 grammes; il prévient le resserrement pendant le travail plus ou moins pénible de la dentition.

MERCURIALE (*Mercurialis annua.*) — Plante annuelle dioïque, de la famille des *Euphorbiacées.* — Tiges et feuilles très-molles, d'un vert pâle, se réduisant presqu'à rien par la dessiccation. — Plante mâle. — Corolle absente. — Calice à trois ou quatre divisions. — Huit à douze étamines. — Filets libres, saillants, anthères à deux lobes globuleux. — Plante femelle. — Corolle absente. — Calice comme la plante mâle. — Deux styles courts, élargis, denticulés. — Ovaire à deux loges. —

Fruit, capsule à deux coques, revêtues de duvet. La *Mercuriale* croît abondamment en France et en Europe dans les terrains incultes, secs et pierreux, et aussi, à l'état de mauvaise herbe, dans les champs et dans les jardins. Bien que la Mercuriale soit annuelle, c'est une des mauvaises plantes dont on a le plus de peine à débarrasser les cultures, parce que ses semences très-nombreuses possèdent la propriété de se conserver indéfiniment, sans perdre leurs facultés germinatives. Lorsque le labour enterre ses graines à une trop grande profondeur, elles ne lèvent pas; si, par un labour ultérieur, elles se trouvent suffisamment rapprochées de la surface, elles lèvent, et le sol est infesté de Mercuriale.

Les tiges et les feuilles de la Mercuriale, soit sèches, soit à l'état frais, sont douées de propriétés purgatives très-prononcées. On en prépare la décoction à raison de deux poignées de la plante fraîche et une poignée de la plante sèche, pour un demi-litre d'eau. La saveur et l'odeur nauséabonde de cette décoction sont tellement répugnantes, qu'elles provoquent le vomissement; aussi n'en fait-on jamais usage comme boisson purgative; mais, dans les cas de constipation prolongée, cette même décoction administrée en lavement, produit presque toujours l'effet désiré; dans tous les cas, c'est un remède complétement inoffensif.

En associant à la décoction concentrée de Mercuriale un poids égal de miel commun, on prépare le *miel mercurial*, encore prescrit par quelques médecins pour être ajouté aux lavements purgatifs. Les autres usages médicaux de la Mercuriale, jadis très-usitée pour combattre l'hydropisie, sont depuis longtemps abandonnés.

Il importe de bien faire connaître la Mercuriale aux enfants et aux femmes, qui vont, selon l'expression reçue, faire de l'herbe pour les vaches et les lapins. Les vaches, quand leur ration d'herbe fraîche est mêlée de Mercuriale, sont purgées avec excès, ce qui les fait maigrir, en communiquant à leur lait une odeur désagréable. La Mercuriale donnée aux lapins les fait enfler et crever, s'ils en mangent plusieurs jours de suite ; on peut la considérer comme un véritable poison pour les lapins.

Mercuriale.

QUATRIÈME SECTION

Plantes astringentes

S'il est souvent nécessaire de combattre le reserrement par les moyens exempts de danger dont dispose la médecine domestique, il est aussi quelquefois très-utile de combattre la disposition contraire au moyen des plantes astringentes. On indique seulement ici trois de ces plantes, parmi les plus communes et le plus inoffensives, en prévenant qu'il ne faut y recourir qu'en cas de nécessité, et toujours avec une extrême réserve, contre des indispositions qui n'exigent pas l'intervention du médecin.

BISTORTE (*Polyganum bistorta*). — Plante vivace, de la famille des *Polygonées*.— Tige simple, terminée par un seul épi de fleurs hermaphrodites. — Huit étamines. — Trois styles très-allongés.— Fruit triangulaire. — Racine contournée, volumineuse par rapport aux dimensions de la plante.

La *Bistorte*, à l'état sauvage, n'est pas rare dans nos départements montagneux; sa racine possède des propriétés astringentes assez prononcées. La forme bizarre de cette racine, de la grosseur du doigt, deux fois coudée dans le sens de sa longueur, est l'origine du nom de la plante, nommée par les anciens botanistes *bistortá*, c'est-à-dire, deux fois tordue. On trouve la Bistorte en Sibérie, au Japon, et dans toutes les contrées montagneuses de l'Amérique septentrionale.

La décoction légère de racine sèche de Bistorte, à la dose de 15 grammes pour un verre d'eau, arrête immédiatement la diarrhée. Il ne faut pas donner plus d'un demi-verre d'eau de cette décoction aux enfants de sept à douze ans ; elle leur est très-utile quand ils éprouvent un relâchement pouvant facilement dégénérer en dyssenterie, après avoir mangé avec excès des prunes à demi-mûres et des pommes vertes, imprudence qu'à la campagne il n'est pas toujours possible de les empêcher de commettre. Dans les

Bistorte.

pays où la Bistorte ne croît pas à l'état sauvage, elle peut être cultivée dans le parterre, comme toutes les plantes d'ornement de pleine terre. Le moment le plus favorable pour en récolter la racine, est celui où l'épi floral commence à se montrer.

Consoude (*Symphytum officinale*). — Plante vivace, de la famille des *Borraginées*. — Tige de 50 à 60 centimètres, ramifiée, velue, herbacée.— Feuilles ovales, lancéolées, rudes au toucher. — Fleurs en épi terminal, incliné vers le sol. — Calice à cinq divisions. — Corolle tubulée, campaniforme, tantôt rouge, tantôt blanche. — Stigmate simple. — Racine charnue, fusiforme, noire à l'extérieur, blanche à l'intérieur.

Si la Consoude n'était pas si commune, et pour cette seule raison si dédaignée, elle tiendrait sa place, comme plante d'ornement, sur les bords des pièces d'eau et des rivières artificielles, dans les jardins paysagers. La racine, qui contient à la fois un principe astringent très-prononcé et un mucilage abondant, peut être employée avec le même succès, soit sèche, soit à l'état frais. La décoction de racine de Consoude, à la dose de 30 grammes de racine sèche, ou 15 grammes de racine fraîche pour un litre d'eau, est très-efficace pour modérer et arrêter la diarrhée, et l'empêcher de dégénérer en dyssenterie, surtout quand cette affection se trouve accompagnée de toux persistante; elle est, dans ce cas, de beaucoup préférable à la décoction de racine de Bistorte, précisément parce que son action astringente est beaucoup moins énergique. On arrache la racine de Consoude au printemps, dès que les premières feuilles radicales sortent de terre, sans attendre que les tiges qui doivent porter les fleurs commencent à se montrer.

Consoude.

POTENTILLE QUINTEFEUILLE (*Potentilla quinquefolium*). —
Plante vivace, de la famille des *Rosacées*, tribu des *Dryadées*.

— Calice muni de cinq bractées. — Tube court, évasé. — Limbe à cinq divisions. — Corolle à cinq pétales jaunes insérés sur le calice. — Étamines en nombre indéterminé. — Style latéral. — Graine unique, feuilles composées de cinq folioles.

La *Potentille quintefeuille*, reconnaissable à son feuillage d'un vert foncé, d'une élégance remarquable, est une plante à floraison précoce, répandue dans toute l'Europe. La racine seule partie utile, contient assez de tannin pour que la décoction possède des propriétés astringentes très-prononcées ; on peut s'en servir pour arrêter la diarrhée. La dose est de 30 grammes de racine fraîche de Potentille, ou 15 grammes de la même racine sèche pour un demi-litre de décoction, à prendre froide, légèrement sucrée.

C'est au printemps, dès que se montrent les boutons des premières fleurs, qu'il faut faire provision de racines de Potentille. La même décoction très-chargée, avec une petite quantité de sulfate de fer et quelques grammes de gomme arabique, forme une encre d'assez bonne qualité.

Potentille.

CINQUIÈME SECTION

Plantes pectorales

On comprend sous le nom de *plantes pectorales* toutes celles qui peuvent, à divers degrés, apporter du soulagement aux maladies des organes respiratoires. Toutes ne méritent pas leur réputation ; mais, du moins, les plantes pectorales ont sur les autres séries de plantes médicinales un avantage incontestable : jamais elles ne peuvent nuire sous aucun rapport. Ainsi, l'on peut se faire beaucoup de mal en usant mal à propos, par exemple, des plantes purgatives ou des plantes astringentes ; on ne peut pas abuser des plantes pectorales.

TUSSILLAGE. (*Tussillago farfara*). — Plante vivace, de la famille des *Synanthérées*, tribu des *Tussillaginées*. — Involucre campaniforme, formé d'écailles à peu près égales. — Réceptacle nu, marqué d'alvéoles calathides comprenant des fleurs mâles au centre, femelles à la circonférence. — Corolle ligulée. — Ovaire oblong. — Aigrette de la graine, composée de poils très-nombreux.

La fleur du *Tussilage* a passé longtemps pour tellement efficace contre les rhumes et les catarrhes, que les anciens botanistes lui avaient donné le nom de *Tussilago*, mot à mot, *qui emporte la toux*. Ce nom n'est pas rigoureusement exact, et ne doit pas être pris tout à fait au pied de la lettre. Néanmoins, si l'infusion de fleurs de Tussilage n'emporte pas complétement la toux, elle la soulage toujours efficàcement. Cette fleur constitue la partie la plus active des espèces pectorales, très-connues sous leur nom vulgaire de *quatre fleurs*. Les fleurs de Tussilage doivent être récoltées dès qu'elles commencent à s'épanouir durant les

Tussillage.

premiers beaux jours qui, sous le climat moyen de la France centrale, manquent rarement de survenir dès la fin de février.

Le Tussilage croît exclusivement dans les terrains à la fois argileux et humides ; il ne faut pas le chercher ailleurs que sur le sol de cette nature. La fleur précède la feuille ; celle-ci ne sort de terre que quand les graines, pourvues d'aigrettes soyeuses, comme celles des chardons et du pissenlit, ont été dispersées par les vents. La feuille du Tussilage présente dans sa configuration une ressemblance grossière avec le dessous du pied de l'âne et du mulet, particularité qui a valu à la plante le surnom de *Pas d'âne*.

On peut faire fumer les feuilles de Tussilage sous forme de cigarettes aux personnes asthmatiques ; ces cigarettes ne guérissent pas l'asthme ; elles le soulagent seulement, en rendant moins pénible la respiration du malade.

L'infusion de fleurs de Tussilage est préparée comme le thé ; une forte pincée suffit pour une grande tasse d'eau bouillante ; on prend cette infusion chaude et bien sucrée.

Une précaution très-nécessaire, c'est celle de passer l'infusion de fleurs de Tussilage à travers un linge fin ou tissu suffisamment serré, faute de quoi elle se trouve mêlée de filaments roides, détachés des fleurs, qui peuvent irriter la gorge et provoquer la toux au lieu de la calmer.

RÉGLISSE (*Glycyrriza glabra*).— Plante vivace, de la famille des *Légumineuses, feuilles imparipennées.*—Fleurs violacées, en épis axillaires. — Calice nu, tubuleux, à cinq lobes aigus. — Corolle papillonacée. — Étendard ovale, lancéolé, dressé. — Étamines diadelphes. — Style siliforme. — Silique uniloculaire, contenant trois à quatre graines. — Racine longue, cylindrique, brune à l'extérieur, jaune à l'intérieur.

La *Réglisse* justifie parfaitement par la saveur sucrée de sa racine le nom que lui ont donné les botanistes, nom qui

Réglisse.

signifie : *racine douce*. Cette racine est la seule partie utile de la plante. Elle croît abondamment dans les terrains incultes de quelques-uns de nos départements du Midi, et de plusieurs provinces d'Espagne, où l'on sait que les terrains incultes ne manquent pas. On peut cultiver avec succès la Réglisse en France, dans tous nos départements au sud de la vallée de la Loire ; mais, la racine sèche de réglisse est si commune dans le commerce, et son prix est si modéré, qu'il n'est nulle part nécessaire de l'admettre dans les jardins.

On prépare avec la décoction de Réglisse évaporée par une longue ébullition, un extrait sec, noir, d'une saveur très-sucrée, légèrement âcre, très-utile pour soulager la toux quelle qu'en soit la cause. On fait infuser dans les diverses tisanes pectorales quelques morceaux de racine de Réglisse, vulgairement nommés *bois de réglisse*, pour leur communiquer une saveur douce, et se dispenser d'y ajouter du sucre.

Le peuple des grandes villes fait une prodigieuse consommation d'infusion froide de racine de Réglisse, boisson bien connue sous son nom vulgaire de *coco*. Il n'y a rien à dire contre l'usage de cette boisson au point de vue de la salubrité, si ce n'est qu'elle ne remplit pas sa destination : elle altère au lieu de désaltérer ; plus on en boit, plus on a soif.

BOUILLON BLANC (*Verbaseum Thaphis*).—Plante bisannuelle, de la famille des *Solanées*. — Tige simple, blanche, tomenteuse. —Feuilles sessiles, décurrentes. — Fleurs jaunes, en épi simple, terminal. — Calice monosépale à cinq divisions. — Corolle monopétale, rosacée, à cinq lobes. — Cinq étamines. —Style oblique. — Stigmate simple, arrondi. — Graines nombreuses, réniformes.

Le *Bouillon blanc*, aussi désigné sous le nom de *Molène*, croît à l'état sauvage dans toute la France, sur les terrains incultes, le long des haies et au bord des chemins. La fleur du Bouillon blanc est une des fleurs pectorales les plus utiles ; l'infusion chaude, sucrée de cette fleur, à la dose d'une pincée de fleurs sèches pour une tasse d'eau bouillante, calme immédiatement la toux, dans toutes les affections des organes respiratoires.

Les fleurs nombreuses du Bouillon blanc ne s'épanouissent pas toutes à la fois, de sorte que la durée de sa floraison est très-prolongée. On récolte tous les jours ou tous les deux jours les fleurs complétement ouvertes ; la corolle, seule partie utile de la fleur, s'en détache facilement ; on la fait sécher à l'ombre, à l'air libre. La provision de ces fleurs doit être renouvelée tous les ans ; celles qui ont été conservées d'une année à l'autre, ont perdu leurs propriétés comme fleurs pectorales. Quelques espèces du genre *Molène*,

Bouillon blanc.

très-voisines du Bouillon blanc, sont cultivées comme plantes d'ornement dans les parterres ; leurs fleurs ne possèdent pas les propriétés pectorales de celles du Bouillon blanc. Quant à celui-ci, il n'est presque jamais nécessaire de le cultiver ; on le trouve surabondamment à l'état sauvage.

LIERRE TERRESTRE (*Glecoma hederacea*).— Plante vicace, de la famille des *Labiées*. — Calice cylindrique, strié à cinq dents aiguës. — Corolle d'un bleu améthysté. — Tube plus long que le calice. — Lèvre supérieure courte, bifide. — Lèvre inférieure à trois lobes. — Étamines sous la lèvre supérieure. — Style plus long que les étamines. — Tige rampante à sa base, dressée à sa partie supérieure.

L'infusion théiforme de sommités fleuries de *Lierre terrestre*, est employée avec succès pour combattre les rhumes et les catharres opiniâtres, elle est aromatique et légèrement amère ; elle ne peut faire que du bien. Il y a, dans les départements de l'ouest de la France, des cantons où les maladies sont rares, les médecins aussi. Dans ces cantons, les habitants des campagnes accordent une confiance illimitée, justifiée jusqu'à un certain point, aux propriétés médicinales du Lierre terrestre. Ces gens ne sont malades passagèrement que par excès de travail, mauvaise nourriture, quelquefois aussi pour avoir bu un peu plus que de raison ; la diète, le repos, puis un bon régime alimentaire suffisent pour les rétablir. Tant qu'ils sont malades, on leur fait boire pour tout traitement l'infusion de Lierre terrestre qui, prise froide, désaltère parfaitement ; prise chaude, elle provoque une légère transpiration. Quand le mal s'est dissipé de lui-même, par l'effet naturel de la bonne constitution du malade, on fait honneur de la guérison au Lierre terrestre. C'est une erreur qu'il faut respecter ; car elle a pour effet de préserver les malades des remèdes de bonne femme , souvent bien plus à craindre que la maladie elle-même. Le Lierre terrestre laisse agir la nature et favorise le retour de l'équilibre un moment dérangé.

Cette plante est commune dans toute la France le long des haies et sur la lisière des bois ; on la récolte en mars et avril, tandis qu'elle est en pleine fleur. La meilleure manière de la faire sécher, c'est de la diviser par paquets dont on forme des guirlandes qu'on suspend à l'air libre, ou dans un local bien aéré.

Lierre terrestre.

CAPILLAIRE (*Adianthum Capillus Veneris.*) — Plante vivace, de la famille des *Fougères* cryptogames, tribu des *Polypoacées.* — Capsules séminales réunies en groupe à l'extrémité des feuilles s'ouvrant en dedans, insérées sur les nervures des feuilles, jusqu'auprès du bord libre. — Pétiole lisse et fin comme un cheveu.

Le *Capillaire* croît dans les lieux ombragés, humides et pierreux de tout le midi de l'Europe ; il est surtout commun en France dans les environs de Montpellier ; c'est pourquoi il est souvent désigné sous le nom de *Capillaire de Montpellier*. Les propriétés pectorales du Capillaire ont été fort exagérées par la médecine ancienne, ce qui a motivé son abandon à peu près complet par la médecine moderne ; elles ont néanmoins quelque chose de très-réel. L'infusion de Capillaire prise chaude, fortement sucrée, est d'une saveur agréable ; elle calme la toux, principalement chez les enfants et les vieillards. Le sirop de Capillaire, bien qu'il ait perdu son antique réputation, et qu'il soit très-rarement utile, est un excellent remède familier. On le prépare en faisant fondre un kilogramme de sucre blanc dans un litre d'infusion bouillante de Capillaire, à laquelle on ajoute 30 grammes d'eau distillée de fleurs d'oranger.

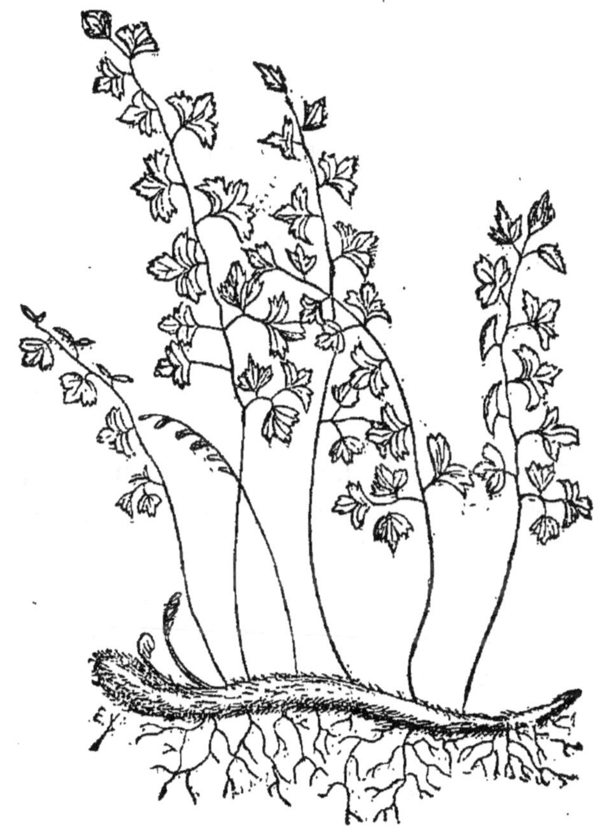

Capillaire.

Les feuilles de Capillaire doivent être récoltées au printemps, desséchées à l'ombre, et employées, autant que possible, dès qu'elles sont sèches. Celles qui ont été conservées trop longtemps ont perdu leurs propriétés médicinales.

COQUELICOT (*Papaver Rhœas*).—Plante annuelle, de la famille des *Papavéracées*.— Tige dressée, rameuse, couverte de poils rudes. — Feuilles alternes, à lobes aigus et dentés. — Calice à deux sépales hispides. — Corolle de quatre pétales d'un beau rouge.— Etamines nombreuses, hypogynes. — Ovaire libre. — Capsules ovoïdes, glabres. — Graines noires, fines, très-nombreuses.

Le Pavot rouge sauvage est connu de tout le monde sous son nom vulgaire de *Coquelicot*. La présence de cette plante, ainsi que celle du bleuet dans nos champs cultivés est une des preuves les plus positives de l'origine asiatique de nos céréales. On ne trouve nulle part en Europe ni le Coquelicot ni le bleuet ailleurs que dans les champs de céréales, où ces deux plantes se sont perpétuées à l'état de mauvaise herbe, depuis l'époque, impossible à préciser, où les Celtes, nos ancêtres, les ont importées d'Asie avec leurs céréales, quand ils sont venus s'établir dans la Gaule.

Les pétales seuls de la fleur de Coquelicot sont doués de propriétés à la fois pectorales et sédatives. Il faut, lorsqu'on en fait provision en été, avoir soin qu'il ne reste, parmi les pétales qu'on fait sécher à l'ombre, pour les utiliser en infusion pectorale, aucune portion de la tige ou de la capsule renfermant les graines. Toutes ces parties contiennent un suc laiteux, blanchâtre, qui noircit en s'épaississant au contact de l'air. Ce suc possède toutes les propriétés de l'opium; les pétales n'en contiennent pas. Pendant leur dessiccation, ils doivent être remués souvent, sans quoi ils se prennent en masse à cause de leur mucilage abondant,

Coquelicot.

ils se couvrent alors de moisissure et il devient très-difficile de les dessécher complétement; les fleurs de Coquelicot mal desséchées ont perdu toutes leurs propriétés comme fleurs pectorales.

Une pincée de fleurs sèches de Coquelicot, sur laquelle on verse une tasse d'eau bouillante, donne une excellente infusion pectorale. La même infusion convertie en sirop avec une quantité suffisante de sucre blanc, est un rémède familier très-utile contre la toux des très-jeunes enfants. Il ne faut pas en préparer une grande quantité à la fois; on le conserve dans une cave très-fraîche. Ce sirop fermente aisément, et perd, par la fermentation, toutes ses propriétés utiles.

VÉLAR (*Eresymum officinale*). — Plante annuelle, de la famille des *Crucifères*. — Tige rameuse. — Feuilles roncinées. — Fleurs jaunes, très-petites, en épi terminal. — Silique droite, cylindrique, tubulée. — Calice à quatre sépales. — Corolle à quatre pétales onguiculés. — Quatre étamines libres.

On connaît partout en France sous son nom vulgaire

d'*Herbe au chantre*, le *Vélar*, qui croît en abondance sur les terrains incultes et le bord des chemins. Le Vélar est rangé à juste titre parmi les meilleures plantes pectorales. Son infusion prise chaude, bien sucrée, et le sirop préparé avec cette infusion, possèdent une efficacité très-réelle pour calmer la toux, dans toutes les affections des voies respiratoires. Ces préparations agissent directement sur le larynx; elles sont spécialement utiles aux chantres de paroisses qui, les jours de grandes fêtes, sont dans l'obligation de chanter à gorge déployée pendant des heures entières sans interruption. Voici la recette de la potion des chantres, dont peuvent faire usage sans inconvénient tous ceux qui, ayant la voix plus ou moins fatiguée, sont néanmoins dans l'obligation de chanter; cette potion peut leur être d'un grand secours.

Forte infusion de Vélar	Un bon demi-verre
Sucre blanc	30 grammes.
Eau-de-vie.	15 grammes;
Eau de fleur d'oranger.	15 grammes.
Un jaune d'œuf très-frais.	

Cette potion doit être prise chaude; il ne faut la préparer qu'au moment de s'en servir. On la prend un quart-d'heure, ou tout au plus une demi-heure avant de chanter.

Le sirop de Vélar, jadis en grande renommée, aujourd'hui totalement et fort injustement délaissé dans la pratique médicale moderne, mérite d'être maintenu dans la médecine domestique, en éliminant de son ancienne recette une foule de substances diverses dont elle avait été inutilement surchargée. On fait fondre dans une forte infusion de Vélar et de Serpolet, employés par parties égales, autant de sucre blanc que cette infusion bouillante en peut dissoudre. La dose, dans les rhumes accompagnés de toux persistante, est de deux cuillerées le matin à jeun, et autant le soir.

Lorsqu'on recueille le Vélar, il faut choisir les plantes les mieux garnies de fleurs et de feuilles, et éliminer celles dont les fleurs sont remplacées par les longues siliques renfermant la graine. Ces siliques sont douées d'une saveur âcre qu'elles communiquent à l'infusion de Velar ; elles lui donnent des propriétés totalement opposées à celles de l'infusion préparée avec la plante en fleur, mais non pas en graine.

Vélar.

VIOLETTE ODORANTE (*Viola odorata*). — Plante vivace, type de la famille des *Violariées*. — Calice persistant, à cinq sépales inégaux. — Corolle à cinq pétales inégaux, l'inférieur prolongé en éperon. — Cinq étamines à filets courts, alternant avec les pétales. — Ovaire supère. — Style filiforme. — Stigmate simple. — Capsule uniloculaire. — Graines ovoïdes, à surface lisse, luisante.

La Violette, sa couleur et son parfum, sont connus et appréciés dans le monde entier. L'infusion de fleurs de Violette est une très-bonne tisane pectorale, à prendre chaude, légèrement sucrée. Lorsqu'on fait la récolte des fleurs de Violette pour les faire sécher, les conserver, et les utiliser comme fleurs pectorales, il faut cueillir la fleur seule, sans la hampe ou tige florale qui la supporte. On en prépare un sirop d'une efficacité très-prononcée. Ce sirop ne possède toutes ses propriétés que quand il est fait avec l'infusion des pétales seuls, isolés de toutes les parties vertes adhérentes à la fleur.

Violette odorante.

Le parfum des fleurs de Violettes est si pénétrant qu'il n'est pas toujours exempt de danger. Lorsqu'on épluche les violettes pour en séparer les pétales destinés à la préparation du sirop de Violettes, il est prudent de se placer dans un local bien aéré, ou même, s'il se peut, en plein air. Si l'on opérait dans un local fermé, l'odeur de la Violette, bien qu'elle soit des plus agréables, pourrait donner lieu à l'asphyxie.

Sur 60 grammes de pétales frais de Violettes, on verse 90 à 100 grammes d'eau bouillante très-pure; l'infusion doit être faite dans un vase d'étain ou de porcelaine muni d'un couvercle. On ajoute à l'infusion autant de sucre blanc qu'elle en peut dissoudre à chaud; elle est à cet effet chauffée non pas à feu nu, mais au bain-marie; le sirop de Violettes ne doit pas bouillir. On fait avec le sirop de Violettes les pastilles de Violettes, dont les propriétés pectorales sont les mêmes que celles du sirop. Dans une cuillère d'argent à long manche, pourvue d'un bec, et connue sous le nom de *pastillier*, on fait chauffer doucement 60 grammes de sirop de Violettes; on y incorpore, en le remuant avec un tube de verre, assez de sucre blanc en poudre fine, pour en former une pâte très-claire, pouvant encore couler par le bec du pastillier. On laisse tomber la pâte goutte à goutte sur une feuille de papier blanc. Par le refroidissement, chaque goutte se prend en une pastille.

MAUVE SAUVAGE (*Malva sylvestris*). — Plante annuelle, de la famille des *Malvacées*.

La *Mauve*, type de la famille das *Malvacées*, croît partout en France à l'état sauvage. Ses fleurs, soit seules, soit associées à celles du Tussillage, du Bouillon blanc et du Coquelicot (quatre fleurs) servent à préparer une très-bonne tisane pectorale, également utile comme boisson délayante et adoucissante, contre toutes les affections inflammatoires. Les feuilles, les tiges et la racine de la Mauve sont d'un usage fréquent, soit en cataplasme émollient sur le ventre, dans tous les cas d'inflammation des intestins, soit en décoction, sous forme de lavement émollient.

On rencontre dans les mêmes lieux la *Mauve sauvage* et la *Mauve à feuilles rondes*, douées l'une et l'autre des mêmes propriétés, Leur floraison est très-prolongée ; les fleurs doivent être récoltées à mesure qu'elles s'épanouissent. Les

feuilles et la racine doivent être cueillies et arrachées au printemps, quand la plante se dispose à fleurir. Si l'on tarde jusqu'à ce que la Mauve ait fleuri et porté graine, les feuilles et la racine ont perdu en grande partie le principe mucilagineux dans lequel résident leurs propriétés émollientes.

Les fleurs de la Mauve, en se desséchant, prennent une nuance foncée qui les fait ressembler aux fleurs sèches de violette ; elles en diffèrent par un point essentiel ; les fleurs sè-

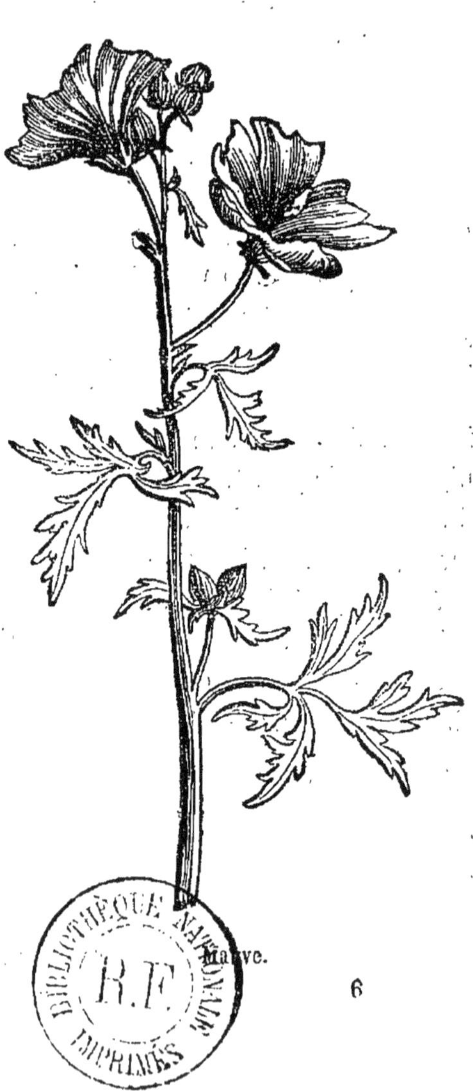

Mauve.

6

chés de Violette conservent une partie de leur odeur; les fleurs sèches de la Mauve sont complétement inodores. Quoique les fleurs de Mauve et les fleurs de Violette soient les unes et les autres des fleurs pectorales, cependant les fleurs de Violette, en raison de leur parfum, possèdent des propriétés différentes de celles des fleurs de Mauve. Il est bon, lorsqu'on fait emplette de fleurs sèches de Violette, de s'assurer par la vue et par l'odorat, que des fleurs sèches de Mauve ne s'y trouvent pas mêlées, soit par hasard, soit autrement.

GUIMAUVE (*Althœa officinalis*). — Plante vivace, de la famille des *Malvacées*. — Tige dressée, cylindrique, cotonneuse.—Feuilles alternes, molles, pétiolées.—Racine pivotante, fusiforme, charnue, blanche. — Calice à cinq divisions profondes. — Calicule à cinq ou neuf lobes aigus. — Pétales échancrés, soudés à la base. — Carpelles capsulaires indéhiscentes.

On trouve la Guimauve à l'état sauvage, dans les lieux incultes des départements voisins de la Méditerranée; elle n'y est nulle part très-abondante. L'emploi de la racine de Guimauve étant très-étendu, le peu qu'on en pourrait récolter dans les localités où elle croît naturellement serait insuffisant; la Guimauve est cultivée en grand comme plante médicale, principalement dans les environs de Paris. La décoction de racine de Guimauve, chargée d'un mucilage abondant, est usitée dans la médecine domestique, comme une remède efficace contre les affections légères de la peau, surtout chez les femmes et les enfants. La même décoction très-légère, calme la toux sèche dans les bronchites opiniâtres. Il est toujours utile, à la campagne, de consacrer un coin de jardin à quelques touffes de Guimauve. On arrache les racines au printemps, à l'époque de la reprise de la végétation; avant de les faire sécher en les suspendant à l'ombre, à l'air libre, on les dépouilles de leur écorce.

Les racines de la Guimauve ne sont pas seulement pectorales et émollientes; elles sont en outre industrielles. On en prépare, sous le nom de *papier végétal*, un papier mince, demi-transparent, très-usité pour calquer les dessins.

Guimauve.

SIXIÈME SECTION.

Plantes vermifuges

Le mode d'alimentation des enfants à la campagne, et surtout l'impossibilité, pour les parents et les instituteurs, de les empêcher de manger des carottes crues et des fruits verts, qui favorisent la multiplication des *helminthes*, ou vers intestinaux, rendent fréquentes parmi eux les maladies vermineuses, toujours dangereuses, quelquefois mortelles. L'emploi judicieux des plantes vermifuges, exemptes de danger, et qui pour cette raison appartiennent au domaine de la médecine domestique, peut toujours prévenir et très-souvent guérir les affections vermineuses. Il est donc nécessaire de connaître celles des plantes vermifuges, soit sauvages, soit cultivées dans les jardins, auxquelles on peut sans crainte avoir recours, dès qu'on s'aperçoit que les enfants sont tourmentés par les vers intestinaux.

FOUGÈRE MALE (*Polypodium Filix mas*). — *La Fougère mâle*, commune dans les bois de toute la France, n'est en réalité ni mâle, ni femelle; c'est un végétal *cryptogame*, qui, comme tous ceux de cette classe, dérobe à la connaissance des naturalistes ses organes sexuels et son mode de reproduction; les nom de Fougère mâle lui a été arbitrairement imposé.

Au printemps, au moment du réveil de la végétation, les feuilles de la Fougère mâle, feuilles d'un genre particulier, nommées *frondes* par les botanistes, sortent de terre sous forme de crosse, leur extrémité supérieure étant roulée en dedans. C'est l'époque de l'année la plus favorable pour

faire provision de ces tiges souterraines improprement nom-
mées racines. Quinze grammes de ces tiges sèches, en décoction dans un verre d'eau avec un morceau de sucre,
sont un vermifuge peu énergique, qui ne fatigue pas l'es-
tomac des enfants, et qui, dans les cas assez fréquents où
le malade n'a pas de vers à expulser, ne peut lui faire aucun mal. La Fougère mâle perd en vieillissant ses propriétés utiles; il faut en faire provision tous les ans.

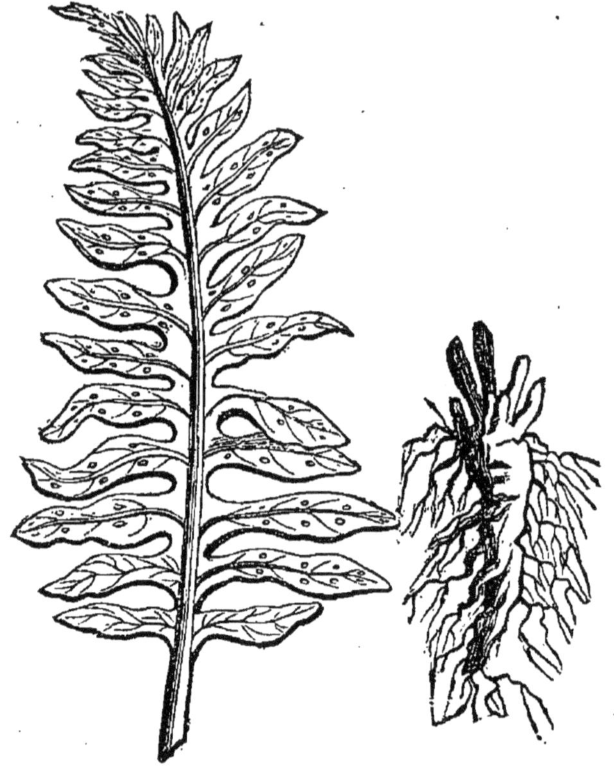

Fougère.

TANAISIE (*Tanacetum officinale*).— Plante vivace, de la
amille des *Synanthérées*.

La *Tanaisie* est la plante vermifuge par excellence; les

7.

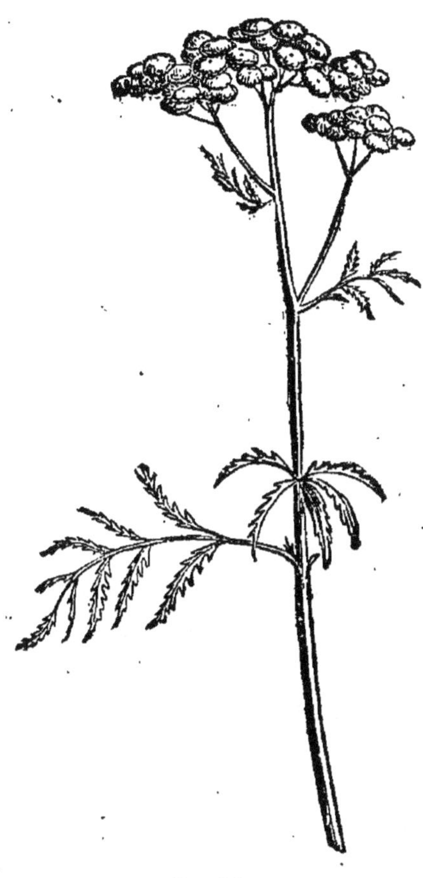

Tanaisie.

vers intestinaux dont les enfants sont le plus communément attaqués ne résistent pas à deux ou trois tasses d'infusion de sommités fleuries de Tanaisie, prises chaudes, sucrées, le matin à jeun, à vingt-quatre heures d'intervalle. La Tanaisie est commune dans les terrains incultes secs et pierreux; elle croît en abondance dans les sols calcaires, à l'exposition du midi; elle doit être récoltée pendant sa pleine floraison, en juillet et août; on la suspend à l'ombre pour la faire sécher; elle conserve pendant deux ans ses propriétés médicinales. La dose est d'une poignée pour une tasse d'infusion théiforme. Quelques poignées de Tanaisie sèche suspendues dans les armoires où sont conservés les vêtements de laine, en éloignent les *teignes* dont la chenille dévore de préférence tous les tissus de laine. L'odeur forte de la Tanaisie paraît être insupportable à cet insecte destructeur.

GRANDE BALSAMITE (*Balsamita suaveolens*). — Plante vivace de la famille des *Synanthérées*, tribu des *Anthé-*

midées. — Tige droite, rameuse. — Feuilles elliptiques. dentées. — Fleurs d'un jaune d'or, disposées en corymbe, — Involucre composé d'écailles imbriquées très-nombreuses. — Phoranthe nu. — Fleurons tubuleux, hermaphrodites, quinquéfides. — Fruit couronné d'un rebord membraneux incomplet.

Cette plante aux formes élégantes, à la floraison abondante d'un beau jaune d'or, est douée d'une odeur pénétrante, analogue à celle de la menthe poivrée ; elle porte pour cette raison les noms vulgaires de *Menthe Coq*, *Grand Baume* et *Baume des Jardins*. Elle ne croît à l'état sauvage que dans nos départements les plus méridionaux. Dans tout le reste de la France, elle prend place comme plante d'ornement dans les plates-bandes du parterre. Elle doit être mise en pot à la fin de l'automne, et placée pour l'hivernage dans un local où la gelée ne puisse l'atteindre. Toutes les parties de la Balsamite, tige, feuilles, fleurs, racines, sont également odorantes. Ses propriétés vermifuges résident principalement dans la fleur. Une pincée de fleurs de Balsamite en infusion théiforme dans une tasse d'eau administrée le matin à jeun, agit très-efficacement contre les vers des jeunes enfants. Étant d'une saveur et d'une odeur agréables, elle ne soulève de leur part aucune répugnance, et n'a pas, comme beaucoup d'autres vermifuges, l'inconvénient de provoquer des vomissements fatigants et difficiles à calmer.

En dehors de ses propriétés vermifuges, la grande Balsamite, est utile comme préservatif de toute sorte de tissus contre l'invasion des teignes, que son odeur met en fuite. Pour ces deux destructions la Balsamite doit être récoltée au moment de sa pleine floraison, en juillet et août, desséchée à l'ombre, à l'air libre, et conservée à l'abri de l'humidité.

Grande Balsamite.

SANTOLINE (*Santolina incoma*). — Ce n'est guère que sur le littoral français de la Méditerranée qu'on trouve la Santoline à l'état sauvage ; mais elle est partout cultivée dans les jardins où on la connaît sous les noms de *Garde-robe*, *Aurone femelle* et petit cyprès, à cause de la ressemblance éloignée de son feuillage avec celui du cyprès. La plante est ordinairement herbacée, quelquefois sous-frutescente. Les fleurs et les feuilles exhalent une odeur analogue à celle de la Balsamite, mais moins agréable. La Santoline craint beaucoup le froid ; pour la conserver d'une année à l'autre, il faut la cultiver en pot, et lui faire passer l'hiver dans la serre froide ou dans l'orangerie.

Les propriétés vermifuges des sommités fleuries de la Santoline sont très-prononcées.

L'infusion de ses sommités provoque souvent chez les enfants des vomissements qui rendent nul son effet utile.

On ne doit, pour cette raison, administrer ce vermifuge qu'à des enfants de dix à douze ans, ayant déjà assez de raison et d'empire sur eux-mêmes pour surmonter la répugnance, et ne pas rejeter un breuvage dont la couleur et l'odeur n'ont rien d'attrayant.

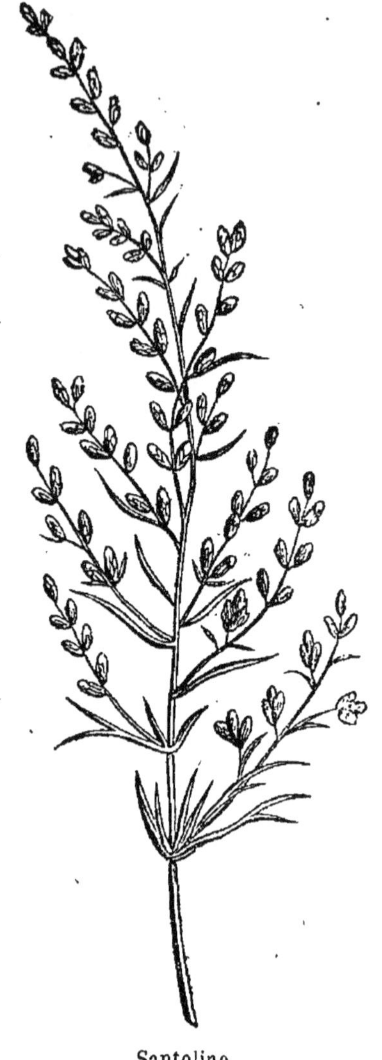

Santoline.

SEPTIÈME SECTION

Plantes anti-spasmodiques

Les affections du système nerveux qui donnent lieu à des spasmes, c'est-à-dire à des contractions plus ou moins violentes aboutissant à l'évanouissement, sont des maladies plus douloureuses que dangereuses, dont les crises sont presque aussi pénibles pour ceux qui en sont témoins que pour le malade lui-même. Heureusement, la nature a prodigué sur notre sol les plantes antispasmodiques, les unes à l'état sauvage, les autres cultivées dans les jardins. L'emploi judicieux de ces plantes, toujours parfaitement exempt de danger, s'il ne guérit pas radicalement les maladies nerveuses, calme les accès, rend les spasmes moins fréquents, et en abrége la durée. Sous tous ces rapports, les plantes antispasmodiques sont une des plus précieuses ressources de la médecine familière.

VALÉRIANE OFFICINALE (*Valeriana officinalis*). — Plante vivace, de la famille des *Valérianées*.

Cette plante est commune dans les bois au sol plus ou moins humide. La racine, composée de fibres nombreuses, est la seule partie utile de la Valériane; elle doit être arrachée au printemps, avant l'épanouissement des fleurs; elle n'est employée qu'à l'état sec. Son odeur particulière, d'abord assez peu prononcée, devient, par la dessiccation, très-forte et même repoussante. Une pincée de racine de Valériane en décoction dans une tasse d'eau, prise le matin à jeun et le soir en se couchant, apaise immédiatement les crises nerveuses, soit qu'elles tiennent au tempérament, soit qu'elles proviennent d'une frayeur subite ou de toute autre cause accidentelle.

La Valériane, par l'élégance de ses fleurs et de son feuillage, mériterait une place dans nos parterres, si elle n'avait l'inconvénient d'attirer par son odeur particulière les chats, auxquels elle cause une sorte d'ivresse, et qui pour se rouler dessus, bouleversent toute la plate-bande où la Valériane est admise.

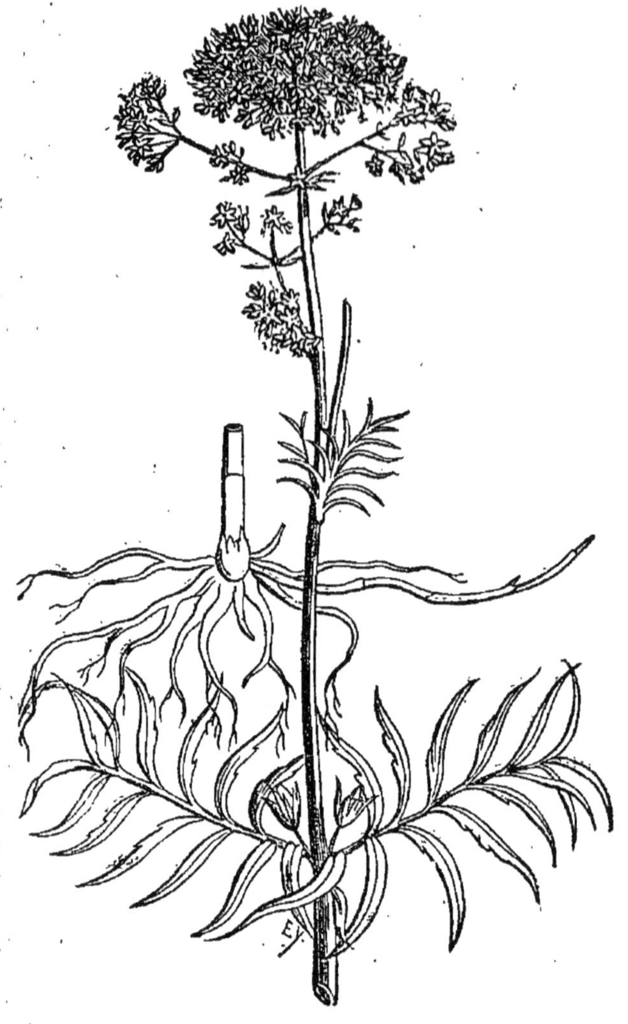

Valériane.

MARRUBE VULGAIRE (*Marrubium vulgare*). — Le Marrube est commun à l'état sauvage dans tous les lieux incultes et pierreux, à l'exposition du midi. Il n'est vivace que par ses racines qui, tous les printemps, émettent des tiges nou-velles. Ses tiges blanchâtres, portant des feuilles cotonneuses et des verticilles de très-petites fleurs d'un blanc terne, et plus encore l'odeur pénétrante exhalée par toutes les parties du Marrube, ne permettent pas de le confondre avec les autres plantes de la même famille, qui lui ressemblent plus ou moins. L'infusion légère de sommités fleuries de Marrube commun, préparée comme du thé avec la plante fraîche ou sèche, possède, bien qu'à un degré moindre, les propriétés anti-spasmodiques de la décoction de racine de Valériane officinale. Bien que le Marrube commun ne soit point admis dans la matière médicale, au rang des plantes pectorales, on en peut

Marrube.

donner avec succès l'infusion chaude très-sucrée aux personnes âgées qui souffrent d'un catarrhe chronique, la même infusion procure aussi un soulagement immédiat aux asthmatiques.

On récolte les sommités du Marrube commun quand la plante est en pleine fleur ; sa floraison se prolonge pendant la plus grande partie de la belle saison.

SAUGE OFFICINALE (*Salvia officinalis*). — La Sauge officinale croît à l'état sauvage dans les lieux incultes de tout le midi de l'Europe ; elle est cultivée de toute antiquité dans les jardins, à cause de ses propriétés médicinales fort appréciées chez les Romains. Un proverbe latin disait à ce propos : Pourquoi un homme meurt-il, quand il a de la Sauge dans son jardin ? Il est curieux de retrouver en Chine, à l'extrémité orientale de l'ancien continent, la même appréciation des vertus médicales de la Sauge. De nos jours encore, l'infusion des feuilles de Sauge importées d'Europe, (car la Sauge ne croît pas en Chine) passe pour un remède souverain contre toute espèce de maladies. Les riches Chinois payent fort cher ces feuilles qui n'ont dans le commerce européen qu'une valeur peu élevée. La médecine moderne a complétement délaissé l'usage de la Sauge dont les propriétés antispasmodiques sont réelles, mais évidemment plus faibles que celles des autres plantes médicinales de la même série ; elle est essentiellement du domaine de la médecine domestique.

La Sauge officinale cultivée dans les jardins en terrain sec

Sauge officinale.

à l'exposition du plein midi, forme des souches ligneuses qui émettent au printemps un grand nombre de

Sauge sclarée.

rameaux. On coupe ces rameaux très-chargés de feuilles au moment où l'épi terminal composé de fleurs d'un rouge terne se dispose à fleurir; en automne, les rameaux sont rabattus sur la souche. Celle-ci, sous le climat moyen du centre de la France, a besoin d'être protégée contre la rigueur des hivers par une bonne couverture de litière ou de feuilles sèches. Quelques espèces de Sauge sont admises dans nos parterres comme plantes d'ornement à floraison automnale. La plus répandue est la *Sauge éclatante* (*Salvia splendens*); elle justifie son nom par le rouge écarlate de ses fleurs et des bractées qui les accompagnent. Ni la Sauge éclatante, ni les autres variétés de Sauge d'ornement, ne possèdent les propriétés médicales de la Sauge officinale.

SAUGE SCLARÉE (*Salvia sclarea*). — On connaît dans les campagnes sous les noms vulgaires *d'Orvale* et de *Toute bonne*, la Sauge sclarée qui décore au printemps les prairies de ses fleurs du plus beau bleu; elle est surtout commune dans les prairies élevées, dont le sol n'est pas trop humide. Il faut la récolter pendant sa pleine floraison et en prendre seulement les sommités fleuries. Ses propriétés sont, quoique à un degré plus faible, les mêmes que celles de la Sauge officinale; mais la sclarée est dépourvue du parfum agréable de la véritable Sauge.

BALLOTTE FÉTIDE (*Ballotta nigra*).—Famille des *Labiées*, tige carrée. — Feuilles crénelées. — Fleurs rougeâtres. —Calice évasé à cinq dents aiguës, divergentes. —Tube de la corolle plus long que le calice. — Lèvre supérieure concave. — Lèvre inférieure trilobée. — Quatre étamines placées sous la lèvre supérieure. — Fleurs en verticilles serrés, accompagnées de bractées linéaires.

Cette plante est souvent désignée sous son nom vulgaire

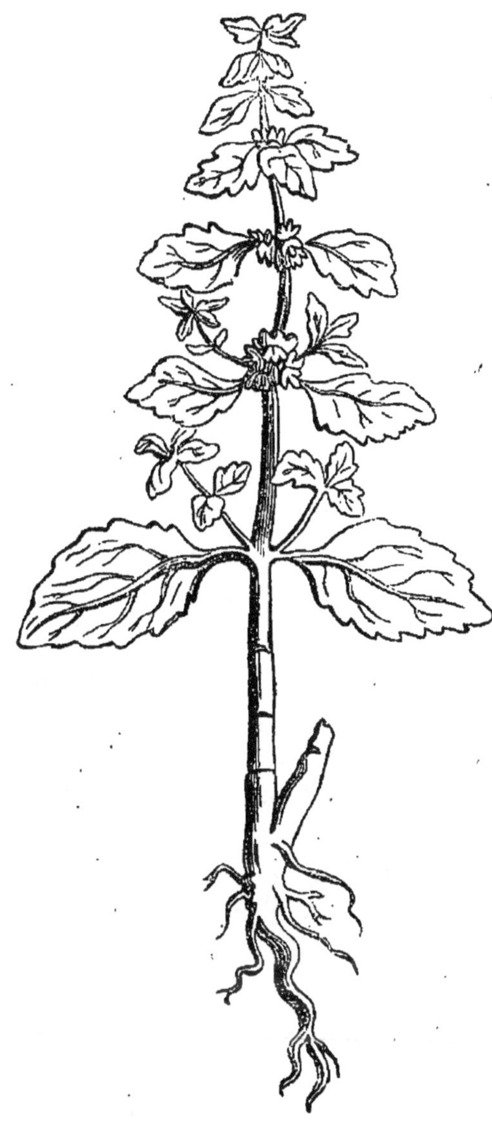

Ballotte.

de *Marrube noir;* elle diffère surtout du vrai Marrube par le vert foncé de ses feuilles, la teinte rougeâtre de ses fleurs, et l'odeur particulière qu'elle exhale, même quand elle n'est pas fleurie. Cette odeur, assez analogue à celle du Marrube blanc, est beaucoup plus forte, et si désagréable que les personnes nerveuses et délicates ont peine à la supporter. On rencontre la Ballotte à l'état sauvage partout en France et en Europe, dans les terrains incultes, secs et pierreux, à l'exposition du midi. L'infusion des sommités fleuries de Ballotte agit comme celle du Marrube blanc, mais avec plus d'énergie; elle calme ou même prévient les crises nerveuses, spécialement quand ces crises ont pour cause immédiate des accès de frayeur ou de colère. La Ballotte fleurit pendant toute la durée de la belle saison; lorsqu'on en fait provision, il ne faut cueillir que la moitié supérieure des tiges les mieux fleuries : c'est la seule partie de la plante qui possède au plus haut degré ses propriétés médicales. La Ballotte doit être séchée lentement, à l'ombre; si pendant la dessiccation, elle a été exposée au soleil, elle perd la plus grande partie de son odeur, et, avec elle, toute son efficacité contre les accidents nerveux.

La Ballotte, comme le Marrube, peut être administrée en infusion contre l'asthme; elle ne guérit pas cette maladie, mais elle soulage immédiatement les malades en rendant leur respiration moins pénible.

MENTHE POIVRÉE (*Mentha piperita*). — Famille des *Labiées*, tige carrée. — Feuilles opposées, pétiolées. — Fleurs blanchâtres à l'aisselle des feuilles supérieures. — Calice campanulé, évasé, plus long que la corolle. — Corolle à deux lèvres écartées. — Style de la même longueur que les étamines. — Fruit composé de quatre coques.

La Menthe poivrée, originaire d'Angleterre, ne croît pas en France à l'état sauvage; on la cultive dans les jardins. L'odeur de la Menthe poivrée, soit sèche, soit fraîche, est suave et pénétrante. L'infusion de ses sommités fleuries calme promptement les affections nerveuses sans gravité; elle porte légèrement à la peau. On recommande l'emploi de cette infusion prise chaude et sucrée à la dose d'une tasse soir et matin, en temps d'épidémie; elle communique une certaine animation au système nerveux, et éloigne ainsi la prédisposition à contracter les maladies régnantes.

Une autre variété de Menthe, la *Menthe crépue*, à feuilles crispées, possède, bien qu'à un degré un peu moindre, les mêmes propriétés. On peut, à défaut de ces deux espèces de

Menthe cultivées, employer au même usage, la *Menthe Pouliot*, petite espèce sauvage, aux feuilles d'un vert très-pâle, et *la Menthe à feuilles rondes*, connue dans les campagnes sous le nom vulgaire de *Baume*, à cause de son

Menthe poivrée.

parfum plus délicat que celui de la Menthe poivrée et de la Menthe crépue. La Menthe à feuilles rondes est commune en France et dans tous les pays de l'Europe tempérée, au bord des eaux tranquilles et sur le revers des fossés humides ; elle doit être récoltée au moment où elle commence à fleurir.

SERPOLET (*Serpyllum Thymus*). — Pendant toute la belle saison, la lisière des bois et les revers des fossés secs à l'exposition du midi sont décorés et parfumés par les touffes de cette jolie plante, moins estimée qu'elle ne mérite de l'être. L'infusion de Serpolet n'est pas seulement un excellent remède antispasmodique pour combattre les affections légères du système nerveux ; c'est aussi un très-bon stomachique qui dissipe les indigestions et calme aisément les douleurs d'estomac. C'est l'une des meilleures plantes qu'on puisse employer pour composer des bains aromatiques fortifiants, à l'usage des enfants délicats, dont la croissance est plus ou moins pénible.

On doit donc faire une

Serpolet.

ample provision de Serpolet, en ayant soin de ne pas arracher les racines, qui ne possèdent aucune des propriétés médicales de la plante. Lorsqu'on ménage la racine des touffes du Serpolet, la plante étant vivace, on peut compter qu'on retrouvera l'année suivante autant de Serpolet qu'on en aura coupé.

Quelques poignées de Serpolet suspendues dans une armoire, en éloignent les insectes qui attaquent le linge, les vêtements et les fourrures.

MÉLISSE OFFICINALE (*Melissa officinalis*). — Famille des *Labiées*. — Tige dressée, rameuse. — Feuilles ovales, cordiformes, dentées. — Fleurs blanches, verticillées dans les aisselles des feuilles supérieures. — Calice tubuleux, nu, à deux lèvres. — Corolle à tube cylindrique évasé. — quatre étamines didynames. — Ovaire à quatre lobes. — Style de la même longueur que les étamines. — Stigmate bifide.

On rencontre fréquemment en France la Mélisse officinale à l'état sauvage, principalement dans nos départements méridionaux; on la cultive dans beaucoup de jardins. Aux environs de Paris, elle est cultivée en grand pour l'usage médical et pour la parfumerie. L'odeur de la Mélisse, bien qu'elle ait quelque chose de pharmaceutique, plaît généralement par son analogie avec celle du citron; la Mélisse est une des meilleures plantes antispasmodiques du domaine de la médecine familière. Elle ne produit pas des effets énergiques immédiats, analogues à ceux de la Ballotte et du Marrube; l'infusion de Mélisse ne suffirait pas pour calmer les crises nerveuses violentes; mais, dans tous les cas de migraine, de maux de tête nerveux, de maux d'estomac provenant de secousses nerveuses sans gravité, la Mélisse officinale, soit sèche, soit à l'état frais, administrée en infusion chaude, légèrement sucrée, mérite la préférence sur les autres plantes antispasmodiques.

La Mélisse peut être récoltée tandis que ses fleurs sont encore en boutons. La plante étant essentiellement remontante, en ne la laissant pas fleurir, on en obtient en automne une seconde récolte égale à la première, parce que les propriétés utiles de cette plante résident principalement dans ses feuilles. On substitue assez souvent à la Mélisse officinale une autre plante de la même famille, qui possède les mêmes propriétés; cette plante, originaire des provinces danubiennes, constitue un genre à part sous le nom de *Dracocéphale de Moldavie (Dracocephalum Moldavicum)*. Elle est répandue dans tous les jardins de l'Europe; elle diffère de la Mélisse officinale par ses fleurs d'un bleu clair, et par ses feuilles terminées en pointe; son odeur et ses propriétés antispasmodiques sont d'ailleurs exactement celles de la Mélisse officinale.

Il n'est personne qui ne connaisse les vertus antispasmodiques de l'eau de Mélisse, anciennement préparée par les Carmes de Paris. La recette de cette préparation, qui exige l'emploi d'un appareil distillatoire, n'est pas à la portée de tout le monde. Mais on peut préparer une eau de Mélisse par infusion, en remplissant un vase quelconque de Mélisse, de Sauge et de Serpolet, par parties égales, le tout grossièrement haché. On verse par-dessus ces plantes au-

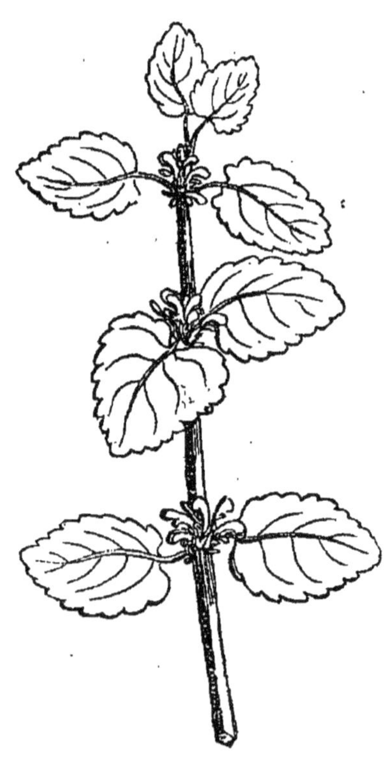

Mélisse officinale.

7.

tant de bonne eau-de-vie que le vase en peut contenir.
Après huit jours d'infusion, on passe l'eau de Mélisse et on
la conserve dans des bouteilles bien bouchées.

Le nom imposé par les botanistes à la Mélisse provient
de la qualité supérieure et de la quantité remarquable de
miel récolté par les abeilles dans les fleurs de cette plante,
bien que ces fleurs soient très-peu développées. Si vous
avez des ruches dont les abeilles ne donnent qu'un miel
commun, de qualité inférieure, plantez aux environs du
rucher de nombreuses touffes de Mélisse officinale ; la qualité du miel des abeilles sera immédiatement et très-sensi-
blement améliorée.

En dehors de l'usage médical, les feuilles de la Mélisse
détachées et séchées isolé-
ment peuvent tenir lieu
de thé ; leur infusion possède à peu près les pro-
priétés digestives et légèrement excitantes du thé de
bonne qualité.

MOLUCELLE (*Molucella*).
— Plante de la famille des
Labiées. — Tige carrée. —
Feuilles opposées, pétio-
lées. — Fleurs blanchâtres
dans l'aisselle des feuilles
supérieures. — Calice campanulé, à deux lèvres écartées. — Style de la longueur
des étamines. — Fruit composé de quatre coques.

Cette plante, originaire
d'Asie, possède à un plus

Molucelle.

haut degré les propriétés de la Mélisse officinale, à laquelle elle ressemble beaucoup. On la rencontre quelquefois à l'état sauvage en Italie, où elle paraît s'être propagée par ses graines échappées des jardins. Dans le midi de la France on peut la cultiver en pleine terre à l'air libre; dans les départements du Nord et du Centre, on ne peut la cultiver qu'en pot, afin de pouvoir la garantir des rigueurs de l'hiver, en l'abritant dans l'orangerie ou la serre froide. Un mélange par parties égales de thé vert et de feuilles sèches de Molucelle, donne une infusion très-agréable, préférable à celle du thé seul, pour les personnes très-nerveuses auxquelles le thé même faible peut causer de pénibles insomnies.

On cultive dans les jardins la Molucelle de Syrie, jolie plante, à fleurs plus développées que celles de l'espèce précédente.

ARMOISE OFFICINALE (*Artemisia abrotanum*). — Famille des *Synanthérées*. — Tribu des *Corymbifères*. — Capitules petits, globuleux. — Phoranthe convexe. — Involucre arrondi, formé d'écailles imbriquées. — Fleurons tous fertiles — femelles à la circonférence — hermaphrodites au centre. — Style plus long que la corolle. — Fruit ovoïde, dépourvu d'aigrette.

Entre toutes les plantes antispasmodiques qui croissent à l'état sauvage sur le sol de la France, l'Armoise est une des plus efficaces. On la rencontre partout en Europe, au Midi comme au Nord, sur les terrains incultes secs et pierreux, à l'exposition du sud. Les sommités fleuries de l'Armoise doivent être récoltées sur les plantes en pleine fleur; la floraison de l'Armoise se prolonge pendant toute la belle saison. Sur les plantes parvenues à toute leur hauteur, qui dépasse souvent un mètre, on ne cueille que les rameaux latéraux minces chargés de fleurs ou de boutons prêts à fleurir et suffisamment garnis de feuilles. La tige centrale, dure, coriace, presque ligneuse, est dépourvue de propriétés médicales.

On emploie avec avantage l'infusion légère d'Armoise associée à quelques brins de Safran, contre les indispositions passagères des jeunes personnes d'un tempérament nerveux de l'âge de 14 à 16 ans. La même infusion, mais sans y joindre de Safran, est un excellent vermifuge pour les enfants des deux sexes de l'âge de dix à douze ans. La

Armoise officinale.

dose est de quinze grammes d'Armoise sèche pour un grand

verre d'eau bouillante; l'infusion se prend froide, légèrement sucrée; on en donne un demi-verre le matin à jeun et un demi-verre le soir. L'Armoise, à la dose d'une forte brassée, avec autant de Thym, de Serpolet et de Lavande, sert à préparer des bains aromatiques très-utiles aux enfants délicats, pour faciliter en eux le travail de la croissance. On peut aussi, à défaut de Lavande et de Marjolaine, suspendre dans les armoires des paquets d'Armoise sèche, pour en éloigner les insectes qui attaquent le linge et les vêtements.

HUITIÈME SECTION.

Plantes carminatives.

On désigne sous le nom de plantes carminatives celles qui possèdent la propriété de provoquer l'expulsion des gaz dégagés dans l'appareil digestif. Quelques médecins modernes ont voulu nier cette propriété des plantes carminatives, prétendant que, si elles paraissent expulser les vents, c'est parce qu'elles-mêmes les produisent. Ceux qui soutiennent cette opinion allèguent comme fait à l'appui qu'en administrant des plantes carminatives à des individus qui ne semblent pas incommodés des vents, on leur en fait rendre en quantité. Mais, rien ne prouve que les flatuosités expulsées dans ce cas sont l'œuvre du médicament; l'observation attentive démontre au contraire que les vents existaient réellement, et que sans l'action des plantes carminatives, prises sous diverses formes, ils n'auraient pas été expulsés.

ANIS (*Pimpinella anisum*). — Plante annuelle, de la famille des *Ombellifères*. — Tige creuse, cannelée, pubescente. — Fleurs très-petites, en ombelle. — Feuilles très-découpées, d'un vert clair. — Racines blanches, menues, fibreuses. — Corolle à cinq pétales distincts. — Cinq étamines.

Cette plante ne croît à l'état sauvage que dans les parties les plus chaudes de l'Europe méridionale; on la rencontre aussi fréquemment dans le nord de l'Afrique et dans l'Asie-

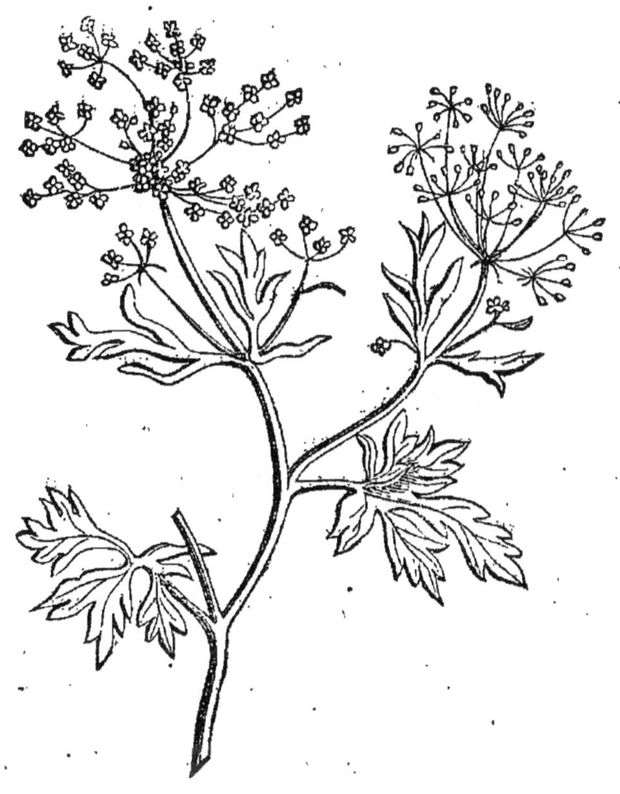

Anis.

Mineure. En France et dans tous les pays de l'Europe tempérée, l'Anis est cultivé en grand, pour sa graine aromatique, dont les usages sont nombreux. L'Anis demande un terrain sec, plutôt calcaire qu'argileux, en pente, à l'exposition du sud. La vallée de la Loire, aux environs de Tours et de Blois, et la vallée de la Meuse, aux environs de

Verdun, sont particulièrement propres à la culture de l'Anis, qui s'y pratique de temps immémorial. Les confiseurs de Verdun préparent de petites dragées d'Anis très-estimées, dont l'usage modéré facilite la digestion, sans donner lieu à un échauffement excessif. L'Anis est employé principalement à Bordeaux, pour préparer une liqueur de table bien connue sous le nom d'Anisette. C'est aussi avec l'Anis qu'on aromatise habituellement le jus de Réglisse, d'un usage si fréquent pour combattre la toux.

CORIANDRE CULTIVÉE (*Coriandrum sativum*). —Famille des *Ombellifères*. — Tige peu rameuse. — Racine annuelle, pivotante. — Fleurs blanches, teintées de rose. — Involucre nul, ou consistant en une seule foliole. — Involucelles à plusieurs folioles.— Calice à cinq dents.— Corolle à cinq pétales inégaux, les extérieurs plus grands que les autres. — Graines sphériques.

La Coriandre a le même pays d'origine que l'Anis ; sa graine, seule partie utile de la plante, est employée aux mêmes usages que l'Anis et possède à peu près les mêmes propriétés ; on peut la cultiver dans les jardins sur tous les points du territoire de la France. Une particularité très-remarquable de cette plante ou plutôt de sa graine, c'est le changement complet que subit son odeur par la dessiccation. Au moment où elle est récoltée, la graine de Coriandre exhale une forte odeur de punaise : cette odeur n'est même pas sans danger ; de violents maux de tête peuvent résulter d'un séjour, même passager, dans un local où la graine fraîche de Coriandre est déposée pour la faire sécher. Mais, une fois sèche, la Coriandre n'a plus qu'un parfum analogue à celui de l'Anis, avec une saveur plus sucrée et plus délicate. Les dragées de Coriandre, employées comme celles d'Anis, en qualité de médicament digestif et carminatif, sont plus agréables au goût que les dragées d'Anis de Verdun. En faisant infuser pendant trois jours 30 grammes de graine de Coriandre dans un litre de vin blanc, on obtient un vin stomachique, qu'on donne à la dose d'un

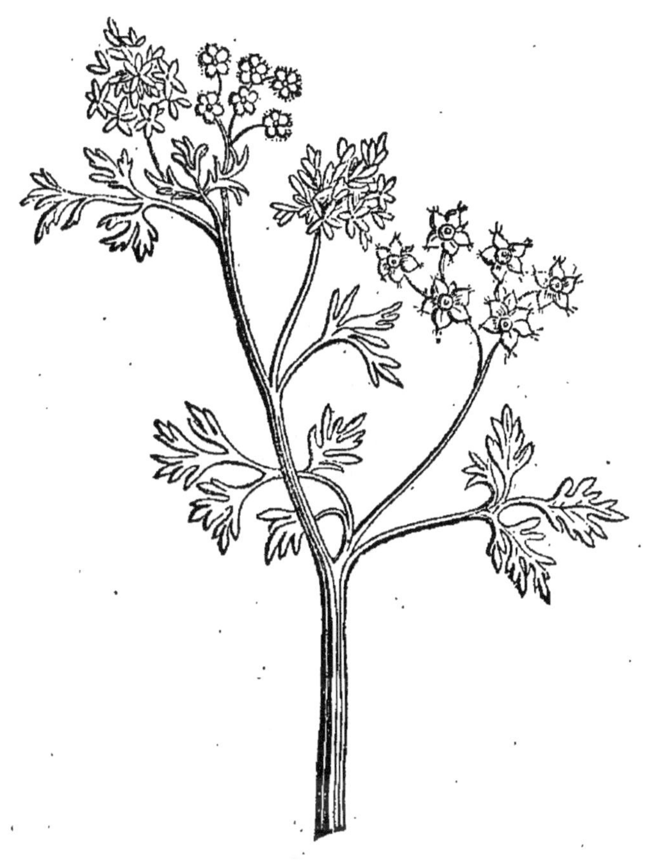

Coriandre.

petit verre à liqueur, le matin à jeun, aux enfants de dix à quinze ans, pour combattre la prédisposition à contracter les fièvres intermittentes, dans les cantons où ces fièvres règnent tous les ans au printemps et en automne. Pour la préparation de ce vin, comme pour celle des dragées de

Coriandre, on recommande de n'employer que la graine parfaitement sèche; les graines récemment récoltées n'ont ni la saveur ni l'odeur agréable, ni les propriétés stomachiques, carminatives et fébrifuges des mêmes graines employées un an après qu'elles ont été récoltées.

FENOUIL (*Feniculum officinale*). — Famille des *Ombellifères*. — Tige rameuse. — Feuilles deux fois ternées, à folioles linéaires, filiformes, d'un vert glauque. — Om-

Fenouil.

belle composée. — Involucre et involucelles absents. — Calice nul. — Pétales jaunes, réfléchis. — Étamines courbées en dedans. — Stigmate sessile. — Fruit ovale, oblong, à 3 stries.

Parmi les plantes carminatives, toutes aromatiques à divers degrés, il n'en est pas dont l'arome soit plus agréable que celui du Fenouil. Dans toute l'Italie, une variété qui n'est en réalité que le Fenouil commun amélioré par la culture, est utilisée sous le nom de *Fenouil doux*, dans la cuisine maigre. La racine du Fenouil doux est un mets salubre, bien qu'un peu échauffant, dont la saveur paraît étrange lorsqu'on en mange pour la première fois; mais on s'y accoutume promptement. La racine et les feuilles sèches du Fenouil, unies à un poids égal d'Anis, infusées dans de l'eau-de-vie avec une petite quantité de sucre, donnent une liqueur de table d'un goût agréable, utile aux personnes dont les digestions sont habituellement laborieuses.

Le Fenouil croît en abondance à l'état sauvage dans tous les lieux incultes de nos départements du Midi; on en fait la récolte lorsqu'il est en fleurs, pour le mêler à l'herbe distribuée aux lapins domestiques. Cet aliment, soit frais, soit sec, donne à la chair, naturellement un peu fade du lapin, une saveur relevée qui en augmente la valeur gastronomique.

ANGÉLIQUE OFFICINALE (*Angelica archangelica*). — Plante vivace par ses racines, — de la famille des *Ombellifères*. — Racine blanche, charnue. — Tige cylindrique creuse. — Cinq étamines. — Deux pistils. — Pétales allongés, recourbés en dedans. — Fruit ovoïde, comprimé, membranes sur les bords. — Involucre nul ou composé de deux ou trois folioles. — Involucelle polyphylle.

Les propriétés médicales de cette plante, constatées et appréciées dès la plus haute antiquité, lui ont valu le surnom sous lequel elle est encore désignée. L'Angélique croît en abondance à l'état sauvage, à l'extrémité septentrionale de l'Europe, spécialement en Islande, en Laponie et dans le nord de la Norwége. On la trouve aussi sur les bords des nombreux cours d'eau qui descendent des hautes montagnes dans tous les pays de l'Europe tempérée. En France, l'Angélique est cultivée dans les jardins au sol frais et profond de nos départements de l'Ouest; celle des environs de Niort et de Châteaubriant est la plus estimée. Toutes les parties de l'Angélique sont douées d'une odeur très-agréable; ses propriétés médicales résident principalement dans la tige, la racine et la graine.

La tige creuse, cylindrique, charnue, est la partie la plus usitée de l'Angélique. On la fend dans le sens de sa longueur; puis, après l'avoir fait blanchir dans l'eau bouillante, elle est confite au sucre, et conserve avec une belle couleur d'un vert clair, le parfum et la saveur qui lui sont propres. Les tiges d'Angélique confites sont également agréables au goût et à l'odorat; prises en trop grande quantité, elles pourraient donner lieu à un échauffement préjudiciable à la santé; mais, prises à dose modérée, immédiatement après le repas, elles facilitent la digestion, expulsent les vents et ravivent l'activité des estomacs paresseux.

La racine de l'Angélique n'a pas conservé la place qu'elle a longtemps occupée dans l'ancienne médecine comme médicament stimulant et carminatif; elle mérite de ne pas perdre celle qu'elle tient encore dans la médecine domestique. On a, dans plusieurs de nos départements de l'Ouest, une telle confiance dans les propriétés de la racine d'Angélique, qu'elle y est désignée sous le nom de *Racine du Saint-Esprit*. Cette racine sèche et pulvérisée, à la dose d'un décigramme le matin à jeun, pour les enfants de sept à douze

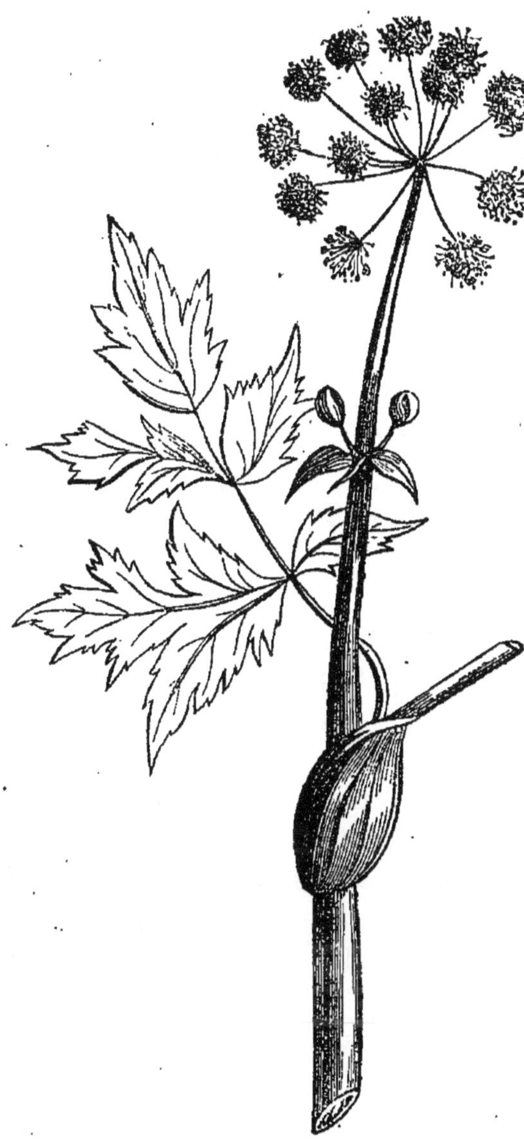

Angelique.

ans, faibles et prédisposés aux affections scrofuleuses, fortifie leur appareil digestif et les préserve des fièvres intermittentes. On prépare avec la racine fraîche d'Angélique, une boisson tonique, fortifiante, très-utile aux convalescents, à la suite des maladies chroniques de l'estomac. On verse un litre d'eau bouillante sur 30 grammes de cette racine coupée en rouelles très-minces. On laisse infuser jusqu'à ce que l'eau soit complétement refroidie; on passe, et l'on ajoute par verre une forte cuillerée de sirop de groseilles ou de framboises, avec quelques gouttes d'eau-de-vie. Deux ou trois verres de cette tisane prise froide par petites gorgées, dans le courant de la journée, apaisent la soif, expulsent les vents et provoquent le retour de l'appétit.

La graine d'Angélique, dans laquelle se retrouve à un degré plus développé l'arome répandu dans toutes les parties de la plante, sert à préparer une liqueur stomachique très-bienfaisante. Sur 30 grammes de cette graine, à laquelle on ajoute 5 grammes de Cannelle entière et quelques centigrammes de Safran, on verse 50 centilitres d'eau-de-vie. On laisse macérer pendant trois jours ; on passe et l'on administre cet élixir à la dose de quelques gouttes sur un morceau de sucre pour les enfants, et d'une demi-cuillerée à café pour les personnes adultes, dans les cas de coliques d'estomac, qui se trouvent ainsi calmées comme par enchantement.

La médecine vétérinaire fait un fréquent usage de toutes les parties de l'Angélique. Les feuilles peuvent teindre en jaune d'or tous les tissus de laine, ainsi que les toisons mégissées. L'Angélique, lorsqu'on la laisse fleurir et mûrir la graine, est bisannuelle. Mais, si les tiges, qui, en bon terrain, s'élèvent à 1 mètre 50 centimètres et même à 2 mètres, sont coupées avant la floraison, pour être confites au sucre, la racine émet de nouvelles tiges, et son existence, dans ce cas, peut se prolonger pendant quatre ans.

IMPÉRATOIRE (*Imperatoria Ostruthium*). — Famille des *Ombellifères*. — Tige fistuleuse. — Racine pivotante. — Feuilles larges. — Fleurs blanches. — Ombelle sans involucre. — Fruit comprimé, membraneux.

L'Impératoire, proche parente de l'Angélique, possède une partie des propriétés médicales de cette plante ; mais elle n'en a ni la saveur délicate, ni le parfum. Toutes les parties de l'Impératoire, spécialement la racine, sont remplies d'un suc jaune âcre, d'une saveur piquante, aromatique, mais désagréable. Après avoir joué pendant des siècles un rôle de premier ordre en médecine, la racine d'Impératoire est tombée dans l'oubli ; elle est délaissée par la médecine moderne. La médecine familière peut, sans aucun inconvénient, en faire usage comme d'un médicament à la fois carminatif, sudorifique et diurétique puissant.

A défaut de quinquina, la racine d'Impératoire sèche et pulvérisée peut être administrée à la dose d'un décigramme pour couper les fièvres intermittentes ; on prend cette poudre deux ou trois jours de suite, à l'heure où l'accès de la fièvre est attendu. L'infusion légère de racine fraîche ou sèche d'Im-

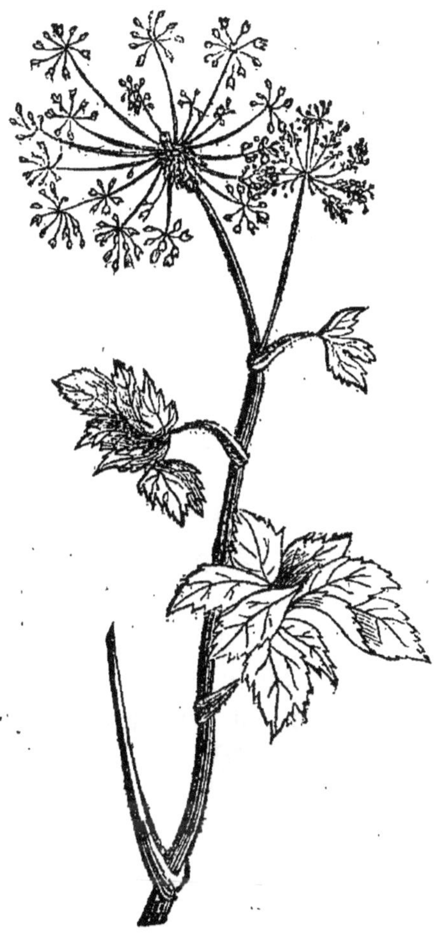

Impératoire.

pératoire agit comme celle de racine d'Angélique ; mais elle est moins facile à faire accepter aux malades et aux convalescents, surtout aux enfants, qui ne la prennent qu'avec répugnance. L'Impératoire récoltée sur les pentes des montagnes, où elle croît en abondance à l'état sauvage, possède les propriétés qui lui sont propres à un degré beaucoup plus développé qu'elles ne le sont chez la racine de la même plante cultivée en sol fertile et frais dans les jardins.

NEUVIÈME SECTION.

Plantes sudorifiques.

Pour dissiper entièrement ou pour arrêter à leur début des indispositions qui, si elles étaient négligées, pourraient devenir des maladies dangereuses, il suffit bien souvent de provoquer en temps utile une abondante transpiration Le médecin, quand la situation paraît assez grave pour rendre immédiatement nécessaire son intervention, prescrit dans ce cas divers médicaments diaphorétiques dont il est toujours imprudent de faire usage sans son ordonnance. On peut, au contraire, sans le moindre danger, en attendant les secours de la médecine, procurer au malade une transpiration salutaire à l'aide des plantes sudorifiques du domaine de la médecine familière ; ces plantes, si souvent utiles, sont toujours inoffensives.

BOURRACHE (*Borrago officinalis*). — Plante annuelle, type de la famille des *Borraginées*. — Tige herbacée, charnue, rameuse. — Feuilles grandes, rudes au toucher. — Fleurs d'un bleu d'azur. — Calice évasé, à cinq divisions. — Corolle régulière, monopétale, rotacée. — Cinq lobes aigus. — Cinq étamines. — Fruit tétrakène, à quatre coques indéhiscentes.

La Bourrache, la plus commune des plantes sudorifiques

du climat européen, est surtout remarquable par ses fleurs à corolle monopétale d'un beau bleu de ciel; elle serait au nombre des plus belles plantes d'ornement de nos parterres, si ses fleurs n'étaient, au moment où elles s'épanouissent, inclinées vers la terre, de sorte qu'il est impossible, à moins de les cueillir, de les voir autrement qu'à l'envers. Les corolles des fleurs de la Bourrache sont fréquemment associées aux fleurs de capucine pour orner les salades de romaine et de laitue; leur saveur est nulle ou à peu près.

Les sommités fleuries de Bourrache, ainsi que les feuilles qui noircissent par la dessiccation, sont très-usitées en infusion sudorifique. On fait prendre cette infusion édulcorée avec du miel, par demi-tasse, aux enfants atteints de la rougeole, dès le début de la maladie; elle favorise l'éruption, et contribue à en prévenir les suites fâcheuses. La médecine a fait longtemps usage de l'extrait de Bourrache, aujourd'hui délaissé; c'est un médicament rafraîchissant, du domaine de la médecine familière; à la campagne, il est facile d'en faire provision.

On pile la Bourrache à l'état frais, au moment de sa première floraison. Le suc visqueux de la plante est assez difficile à exprimer, à cause de sa consistance, qui est celle d'un sirop épais; il faut y ajouter assez d'eau pour le rendre suffisamment clair; puis on le fait évaporer lentement au bain-marie; on obtient ainsi un extrait qui peut être conservé indéfiniment; il contient une quantité notable de nitrate de potasse (sel de nitre). Une petite quantité de cet extrait, délayée dans de l'eau avec un peu de miel, compose une boisson rafraîchissante très-utile peur combattre l'altération résultant des fièvres intermittentes et de toutes les maladies inflammatoires.

Les graines de la Bourrache tombent à terre à mesure

qu'elles arrivent à maturité, ce qui en rend la récolte assez difficile. On est certain de la retrouver toujours dans les cantons où elle s'est établie ; elle s'y perpétue par semis naturel ; il en est de même dans les jardins. Ceux qui élèvent des abeilles ne sauraient trop multiplier la Bourrache aux environs de leur rucher ; les fleurs de la Bourrache fournissent aux abeilles un miel abondant et excellent, à une époque de l'année où il n'y a que très-peu d'autres plantes en fleurs. Les longues sécheresses de l'été ne peuvent interrompre la floraison de la Bourrache qui continue à fleurir sans interruption du printemps à l'automne.

Bourrache.

Buglose (*Anchusa officinalis*). — Famille des *Borraginées*. — Feüilles allongées. — Fleurs disposées en panicule. — Calice monosépale, tubuleux, à cinq divisions. — Corolle monopétale, régulière, infundibuliforme. — Cinq étamines renfermées dans le tube de la corolle.

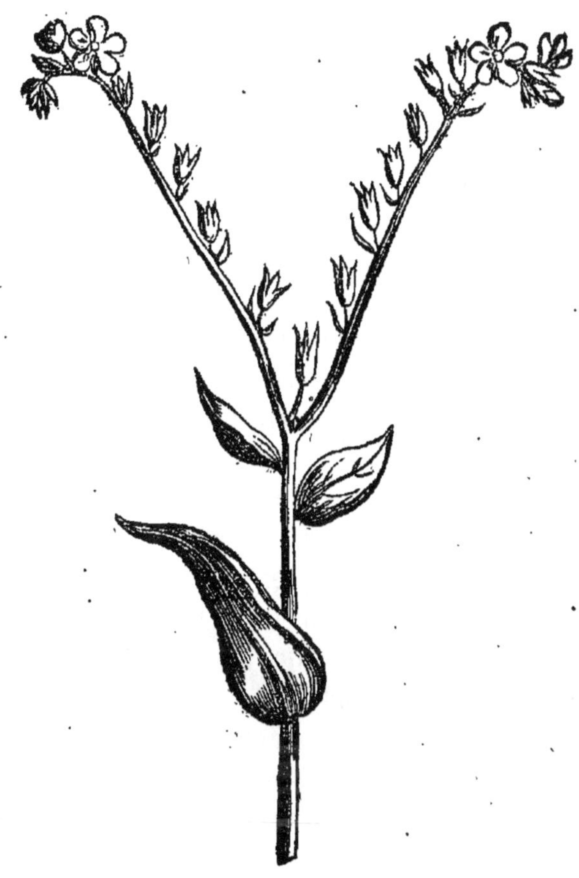

Buglose.

La Buglose, beaucoup plus commune que la Bourrache, à l'état sauvage, est remarquable par la disposition de ses rameaux florifères terminés par deux épis unilatéraux. Les fleurs élégantes, rouges au moment où elles s'épanouissent, passent au bleu foncé avant de se flétrir. Les propriétés médicales de la Buglose sont tellement rapprochées de celles de la Bourrache que, dans la médecine familière, ces deux plantes peuvent être employées indifféremment l'une pour l'autre et se remplacer mutuellement. La racine charnue de la Buglose, blanchie à l'eau bouillante, puis confite au sucre, est excellente pour calmer les maux de gorge et faire cesser la toux dans toutes les affections des voies respiratoires. De même que la Bourrache, la Buglose peut être employée soit fraîche, soit à l'état sec; lorsqu'on veut la faire sécher, il faut la récolter au mois de mai, pendant sa pleine floraison.

DIXIÈME SECTION.

Plantes sédatives.

Les plantes de cette série ne possèdent pas, comme les plantes antispasmodiques, la propriété de faire cesser les spasmes, c'est-à-dire, les accidents nerveux plus ou moins violents; mais elles sont douées à un degré remarquable de la propriété de calmer la douleur physique, soit à l'intérieur lorsqu'on en prend l'infusion, soit à l'extérieur, lorsqu'on les emploie en topique, sur des plaies et des blessures, ce qui en rend l'usage fréquent et très-utile, d'autant plus qu'elles sont toutes parfaitement inoffensives.

SPIRÉE ULMAIRE (*Spirea ulmaria*). — Plante vivace de la famille des *Rosacées*. — Calice monosépale, à cinq divisions. — Corolle de cinq pétales irréguliers. — Étamines nombreuses, sur un disque périgyne. — Graines à embryon renversé. — *La Spirée ulmaire*, connue dans toute la France sous son nom vulgaire de *Reine des prés*, est en effet la plus belle et la plus gracieuse des plantes sauvages de l'Europe tempérée ; elle y fleurit en été dans les prairies au sol frais et profond, et sur le bord des ruisseaux et des fossés humides. Ses sommités fleuries, récoltées pendant sa pleine floraison, possèdent des propriétés sédatives très-prononcées. L'infusion de fleurs de Reine des prés préparée comme du thé, admnistrée très-chaude, légèrement sucrée, calme promptement les coliques, les maux d'estomac, et toutes les douleurs névralgiques. Cette infusion est d'ailleurs exempte de tout inconvénient, bien qu'elle ait conservé dans les campagnes une assez mauvaise réputation dont

Spirée ulmaire,

l'origine remonte au temps où les sorciers s'en servaient fréquemment pour composer des philtres dangereux, surtout par l'impression qu'ils produisaient sur l'imagination des gens simples et superstitieux. Lorsqu'on fait sécher les sommités fleuries de Reine des prés, il ne faut les remuer et les transporter qu'avec assez de ménagement pour que les fleurs, seule partie réellement utile, ne se détachent pas de la tige à laquelle elles adhèrent faiblement.

PARIÉTAIRE OFFICINALE. (*Parietaria officinalis*).— Famille des *Urticées*. — Tige cylindrique, succulente, rameuse. — Feuilles alternes, pétiolées, ovales, pointues. — Fleurs axillaires, petites, verdâtres.— Hermaphrodites et femelles dans un involucre commun, à six divisions. — Calice à quatre divisions. — Quatre étamines. — Ovaire surmonté d'un style filiforme. — Stigmate capité, hérissé de papilles.

La Pariétaire qui, comme son nom l'indique, croît de préférence dans les crevasses des vieux murs, se rencontre aussi dans les terrains ombragés, incultes et pierreux. Ses propriétés calmantes, connues et utilisées de toute antiquité, sont dues principalement à la quantité relativement considérable de nitrate de potasse (sel de nitre) contenue dans toutes les parties de la plante. La médecine a longtemps fait usage du suc exprimé de la Pariétaire pilée à l'état frais, comme d'un médicament sédatif et en même temps très-diurétique ; ce médicament est depuis longtemps délaissé, bien que son efficacité ne puisse être contestée. Dans la médecine familière, on emploie avec succès et sans aucun danger l'infusion et la décoction de Pariétaire sèche comme tisane d'un effet certain toutes les fois qu'il s'agit de rafraîchir sans purger ; la décoction ne doit subir qu'une ou deux minutes d'ébullition.

La décoction de Pariétaire à l'état frais est très-usitée contre les coliques hémorrhoïdales ; on en prépare des bains de siége qui soulagent immédiatement. On s'en sert aussi pour dissiper l'irritation et les rougeurs de la peau chez les très-jeunes enfants que ce genre d'indisposition agite et prive du sommeil si nécessaire pendant le premier

Pariétaire.

âge. Quand on a baigné dans la décoction tiède de Parié-taire un jeune enfant, il faut, avant de l'essuyer, le laver avec de l'eau tiède pure, afin qu'il ne reste pas sur sa peau de traces du bain de Pariétaire. La plante fleurit successivement du printemps à l'automne ; on peut même, pendant la plus grande partie de l'hiver, se la procurer à l'état frais ; elle ne gèle que sous l'action des gelées les plus rigoureuses. C'est en plein été qu'il faut en faire provision pour la conserver à l'état sec.

SAXIFRAGE GRANULÉE. (*Saxifraga granulata*. — Plante annuelle de la famille des *Saxifragées*. — Calice court, campanulé, quinquéfide. — Corolle à cinq pétales étalés. — dix étamines. — Ovaire surmonté de deux styles courts divergents. — Fruit, capsule ovoïde. — Les fleurs d'un blanc de lait de cette jolie plante ornent, en mai et juin, les prairies élevées au sol sec et pierreux, et les pentes inférieures des montagnes. La Saxifrage granulée se distingue aisément des autres Saxifrages, par les petits tubercules rougeâtres, semblables à des graines, attachés à ses racines : c'est l'origine de son surnom. La médecine a fait un fréquent usage de la Saxifrage pendant des siècles ; on lui attribuait la propriété de prévenir la formation de la pierre dans la vessie, et de la dissoudre quand elle est formée, propriété qui n'a rien de réel. La croyance à l'efficacité de l'emploi de la Saxifrage contre la maladie de la pierre avait pour point de départ une erreur de mots. Les montagnards italiens avaient nommé cette plante *Saxifraga*, mot à mot, *brise-pierre*, non pas à cause de son action contre la maladie de la pierre, mais parce qu'ils avaient remarqué qu'elle insinue ses racines dans les crevasses des roches tendres, et qu'elle les fait éclater. Mais, de ce que la Saxifrage granulée n'a pas le pouvoir de guérir de la pierre, il ne s'ensuit pas qu'elle soit totalement dépourvue de propriétés utiles. La décoction de sommités fleuries de Saxifrage granulée, à la dose de 30 grammes de la plante sèche pour un litre d'eau, est légèrement astringente ; elle calme immédiatement les douleurs d'entrailles et les maux d'estomac ; elle arrête la diarrhée chez les enfants et les personnes délicates, sans donner lieu ultérieurement à l'échauffement qui résulte fréquemment de l'usage de médicaments astringents trop énergiques. La même décoction, essentiellement sédative, appaise les démangeaisons de la peau, et favorise la sortie des éruptions cutanées, qui, lorsqu'elles sortent difficilement, peuvent donner lieu aux accidents les plus graves.

On fait provision de sommités fleuries de Saxifrage granulée pendant la pleine floraison de la plante; il faut les faire sécher lentement, à l'ombre, et les conserver à l'abri de l'humidité.

Saxifrage.

VÉRONIQUE OFFICINALE (*Véronica officinalis*). — Famille des *Scrofularinées*. — Tribu des *Rhinantacées*. — Calice à quatre ou cinq divisions profondes. — Corolle rosacée, à tube court, à limbe étalé, deux étamines. — Style filiforme, à stigmate simple. — La *Véronique offi-cinale* a eu pendant des siècles une grande réputation comme plante médicinale; on lui attribuait particulièrement la propriété de combattre la gravelle et de prévenir la formation de la pierre dans la vessie; de nos jours, elle est presque complétement délaissée. La médecine domestique n'a pas renoncé à l'emploi de la Véronique, et elle a bien fait; car l'expérience de tous les jours, à laquelle il n'y a rien à objecter, prouve qu'elle est

Véronique.

d'une efficacité incontestable comme plante sédative et diurétique.

L'infusion chaude et bien sucrée des sommités fleuries

de Véronique apaise immédiatement les douleurs ner-veuses vulgairement nommées coliques d'estomac ; la même infusion, quoiqu'elle soit très-peu aromatique, agit à la manière du thé qu'elle peut remplacer pour faciliter la digestion. L'usage habituel de l'infusion de Véronique soulage sensiblement les personnes d'un âge avancé qui souffrent de la gravelle. La Véronique est peu usitée comme médicament externe ; elle peut cependant être fort utile pour hâter la cicatrisation des plaies anciennes d'armes blanches et d'armes à feu. On pile à cet effet les feuilles fraîches de la Véronique dont on forme un cataplasme appliqué froid sur la plaie ; elle se cicatrise dans un temps très-court.

La Véronique officinale fleurit dans les bois en mai, juin et juillet ; il faut la cueillir avec précaution pour ne pas faire tomber les corolles qui adhèrent faiblement à la plante, et qui en sont la partie la plus utile. Dans les cantons peu boisés, où la Véronique officinale est rare, on peut lui substituer la Véronique des prés, à fleurs plus grandes, d'un beau bleu de ciel. Les propriétés sédatives et diurétiques de ces deux Véroniques, sont, à très-peu de chose près, les mêmes.

VERVEINE OFFICINALE. (*Verbenna officinalis*). — Type de la familles des *Verbennacées*. — Calice tubuleux à cinq dents. — Corolle infundibuliforme, à cinq segments irréguliers. — Quatre étamines. — Ovaire supère, tétragane. — Style simple, filiforme, stigmate obtus. — Par un de ces caprices auxquels il est impossible d'assigner une cause rationnelle, la Verveine est de toutes les plantes connues celle qui a tenu dans l'antiquité la place la plus importante, soit comme plante médicinale, soit comme plante sacrée, usitée dans les cérémonies des cultes païens. Les

Grecs et les Romains la nommaient la plante sacrée, par excellence ; les autels de Jupiter ne pouvaient être nettoyés
qu'avec des balais faits de tiges de Verveine. Les Druides de
la Gaule, dans leurs sacrifices, faisaient le même usage de
la Verveine cueillie par eux avec des cérémonies particu-
lières. On attribuait à la Verveine les propriétés les plus e -
traordinaires, entre autres celle de consolider l'amitié ; deux
amis, à cet effet, vidaient ensemble une coupe remplie de
vin dans lequel ils avaient fait infuser des rameaux fleuris
de Verveine. On remplirait un volume de l'exposé des vertus médicales attribuées par les anciens à la Verveine. Il
est juste d'ajouter que la plus grande confusion ayant toujours régné dans la nomenclature botanique des anciens,
il n'est pas certain que la plante nommée par les Gecs *Hié-
robotanon* et par les Romains *Verbenna*, soit identique avec
celle que nous nommons Verveine. Néanmoins, ce qui reste
encore de sorciers en Europe, abusant de la crédulité des
gens peu éclairés, se servent pour leurs prétendues incan-
tations de la Verveine cueillie au clair de la lune, ce qui ressemble évidement à une tradition remontant aux temps an-
térieurs au christianisme.

Que reste-t-il de cette célébrité de la Verveine ? Rien au
point de vue médical ; la médecine a complétement délaissé
la Verveine depuis le siècle dernier. Dans la médecine domestique, c'est différent ; on y fait fréquemment usage de
la Verveine, soit en infusion, soit comme médicament externe, sous forme de topique. L'infusion de Verveine, à la
dose de 30 grammes de sommités sèches pour un litre d'eau
bouillante, est une tisane excellente pour seconder le traitement normal de la jaunisse. La décoction de la même
plante employée en gargarisme avec un peu de miel guérit
promptement les aphtes de la langue et de l'intérieur de la
bouche. Comme médicament externe, la Verveine fraîche,

cuite dans très-peu d'eau, appliquée chaude sous forme de cataplasme, soulage immédiatement les douleurs vives

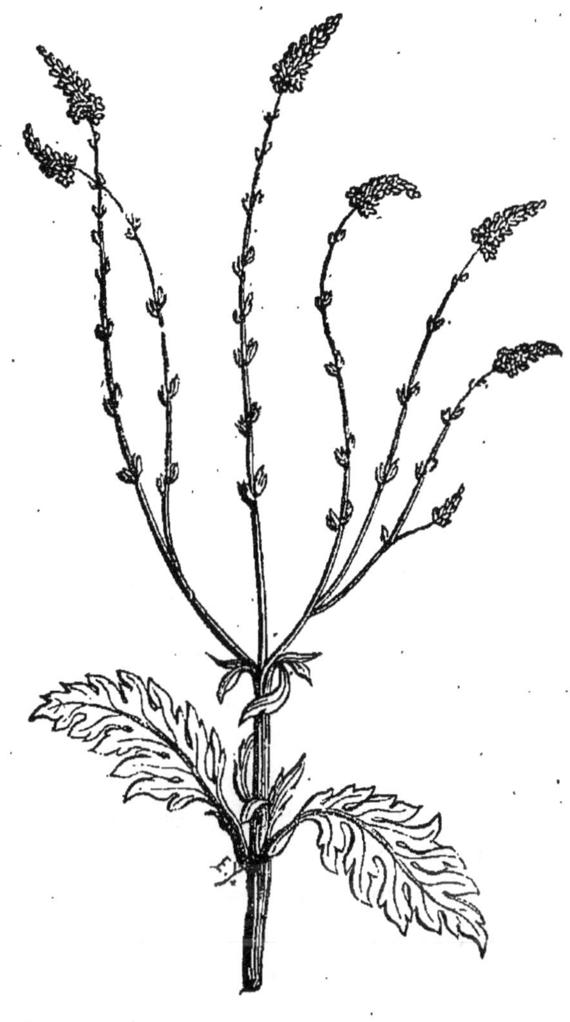

Verveine

connues sous le nom de point de côté, en produisant une légère rubéfaction de la peau.

La Verveine croit en abondance, dans tous les pays de

l'Europe, sur le bord des chemins; pour la conserver sèche, il faut en faire provision en mai et juin, tandis qu'elle est en pleine fleur. On fait observer une fois pour toutes, à propos de la Verveine, que l'un des torts de la médecine moderne, c'est de nier d'une manière absolue les propriétés médicales des plantes qui ne donnent pas à l'analyse chimique des principes immédiats dont l'action soit évidente, énergique et instantanée. De ce qu'une plante ne purge pas, de ce qu'elle ne procure pas le sommeil narcotique, de ce qu'elle n'agit pas sur la peau comme un vésicatoire, il n'est nullement permis d'en conclure qu'elle est absolument dépourvue d'efficacité contre diverses affections.

BUGLE TRAÇANTE (*Ajuga reptans*).—Famille des *Labiées.*— Plante rampante, stolonifère.—Tige simple, carrée.—Fleurs groupées à l'aisselle des feuilles, formant un épi foliacé. — Calice tubuleux, à cinq dents. —Corolle irrégulière, à deux lèvres. — Quatre étamines saillantes en dehors de la corolle.

On rencontre partout en Europe, dans les prairies humides, au sol sablonneux, la *Bugle traçante* dont les tiges courtes, dressées, se terminent au printemps par un épi de fleurs bleues, quelquefois teintées de violet. Comme beaucoup d'autres plantes médicinales actuellement déchues de leur antique réputation, la Bugle, après avoir passé pendant des siècles pour un remède efficace contre la pierre et une foule d'autres maladies, est tombée dans un oubli complet. Ce dédain de la médecine moderne est basé sur l'absence d'odeur et de saveur de toutes les parties de la plante qui ne donne ni à l'analyse chimique, ni à la distillation, aucun principe spécial. L'expérience prouve que, dans la médecine familière, la Bugle peut être utilement employée en qualité de plante sédative, soit en infusion chaude, pour calmer les douleurs qui accompagnent les maux de gorge, soit en cataplasme froid préparé avec les feuilles et les tiges écrasées, pour apaiser les douleurs résultant des écorchures et des brûlures. La Bugle est d'autant plus utile, sous ce rapport, que sa végétation n'est pas interrompue pendant toute la durée de la belle saison; en cas de besoin, on en a partout à sa disposition, alors que les autres plantes douées de propriétés analogues aux siennes ont disparu ou sont devenues rares, à la suite des sécheresses prolongées. Il n'y a pas lieu de renoncer à l'usage de la Bugle comme plante sédative du domaine de la médecine domestique, parce que les traités de matière médicale la déclarent dépourvue de toute espèce de propriétés utiles.

Bugle traçante.

ONZIÈME SECTION.

Plantes antiscorbutiques.

Les plantes antiscorbutiques tiennent une place émi-
nente parmi les plantes médicinales ; connues et appréciées
de toute antiquité, elles ont conservé chez les modernes
leur réputation, basée sur des propriétés réelles, incontestables. Toutes contiennent du soufre et de l'azote à dose
faible, mais appréciable ; toutes agissent efficacement
comme stimulant, pour combattre les dispositions aux
maladies scorbutiques et scrofuleuses. La nature prodigue
les plantes antiscorbutiques dans les contrées maréca-
geuses, là où les maladies que ces plantes sont appelées à
combattre sévissent le plus fréquemment.

CRESSON DE FONTAINE (*Nasturtium*). — Famille des *Cruci-*
fères. — Tiges rampantes, émettant des racines à tous les
nœuds.—Redressées au sommet. — Feuilles alternes, imparipennées. — Fleurs blanches. — Calice à sépales égaux,
étalés. — Pétales entiers. — Étamines libres, tétradynames.
— Silique courte, presque cylindrique.

Il n'est personne qui ne connaisse les propriétés
salubres du *Cresson de fontaine*, surnommé à très-
juste titre la santé du corps. Le Cresson se plaît dans
les eaux vives, peu profondes et d'un faible courant ; il s'y propage rapidement par ses tiges traçantes,
dont chaque nœud s'enracine et donne naissance à une
touffe qui ne tarde pas à fleurir. Le Cresson qu'on mange
en salade, soit seul, soit associé à la laitue, et qu'on emploie en garniture autour des volailles rôties, est une

plante alimentaire autant que médicinale. Pour cette double destination, les jeunes pousses bien garnies de feuilles, cueillies avant leur floraison, sont préférées aux sommités fleuries, dont la saveur a trop d'âcreté. Le Cresson à l'état sec est inerte, sans saveur, dépourvu de toutes

Cresson de fontaine.

propriétés médicinales ou alimentaires ; on ne l'utilise qu'à l'état frais.

L'hiver, à moins qu'il ne soit d'une rigueur exceptionnelle, n'interrompt pas sa végétation ; on en peut disposer toute l'année. Au printemps, le suc exprimé des pousses récentes du Cresson pilé, produit d'excellents effets, spécialement chez les enfants et les femmes d'un tempérament délicat, plus lymphatique que sanguin. Pour en éprouver tout le bien qu'on en peut attendre, il faut en faire usage pendant cinq à six semaines, tous les jours sans interruption. La dose est d'un demi-verre le matin à jeun ; on ne doit manger qu'une heure au moins après avoir pris une dose de suc de Cresson.

CARDAMINE DES PRÉS (*Cardamine pratensis*). — Famille des *Crucifères*. — Tribu des *Arabidées*. — Calice peu ouvert. — Pétales onguiculés, à limbe entier. — Quatre étamines libres. — Siliques sessiles, linéaires.

C'est à juste titre que la Cardamine porte dans les campagnes le nom vulgaire de *Cresson des prés;* elle y fleurit de très-bonne heure au printemps, aussi bien dans les prairies élevées et sèches que dans les prairies basses et humides. La plante entière possède toutes les propriétés antiscorbutiques du Cresson de fontaine. Si celui-ci est plus usité, c'est d'abord parce qu'il est essentiellement remontant, ce qui le rend disponible toute l'année, tandis que la Cardamine ne remonte pas; elle meurt après avoir fleuri et porté graine; on ne peut par

Cardamine.

conséquent en faire usage qu'au début du printemps. Ensuite, le feuillage de la Cardamine étant beaucoup moins abondant que celui du Cresson de fontaine, il est plus difficile d'en extraire le suc, dont les propriétés médicales sont d'ailleurs égales à celles du Cresson. Ainsi, dans les cantons où le Cresson de fontaine manque, faute d'eau courante favorable à sa végétation, la Cardamine peut, sans aucun inconvénient, lui être substituée, non-seulement pour l'usage médical, mais aussi pour la cuisine; une volaille entourée de feuilles fraîches de Cardamine vaut une volaille au Cresson. Les mêmes feuilles soit seules, soit associées à la laitue, valent la salade de Cresson de fontaine.

Il n'y a rien de réel dans les vertus attribuées aux fleurs de la Cardamine par l'ancienne médecine, comme remède souverain contre la goutte et contre diverses affections graves du système nerveux.

SCROFULAIRE (*Scrofularia aquatica*). — Type de la famille des *Scrofularinées*. — Calice monosépale à cinq divisions. — Corolle monopétale, à cinq lobes courts, obtus, inégaux. — Quatre étamines. — Ovaire à deux loges polyspermes. — Fruit, capsule ovoïde. — On trouve partout en France et en Europe la Scrofulaire, remarquable par ses hautes tiges carrées et la forme bizarre de ses fleurs d'un brun rougeâtre; elle ne croît que sur le bord des eaux tranquilles et dans les fossés humides. La décoction de cette plante sèche, à la dose de 15 grammes pour un litre d'eau, excite fortement la transpiration; elle est utile contre toutes les affections scorbutiques et scrofuleuses; mais l'odeur et la saveur de cette tisane sont tellement repoussantes qu'il est assez difficile de la faire accepter aux malades, surtout aux enfants; c'est pourquoi les médecins y ont depuis longtemps renoncé dans la pratique des hôpitaux ; ses propriétés antiscorbutiques n'en sont pas moins réelles.

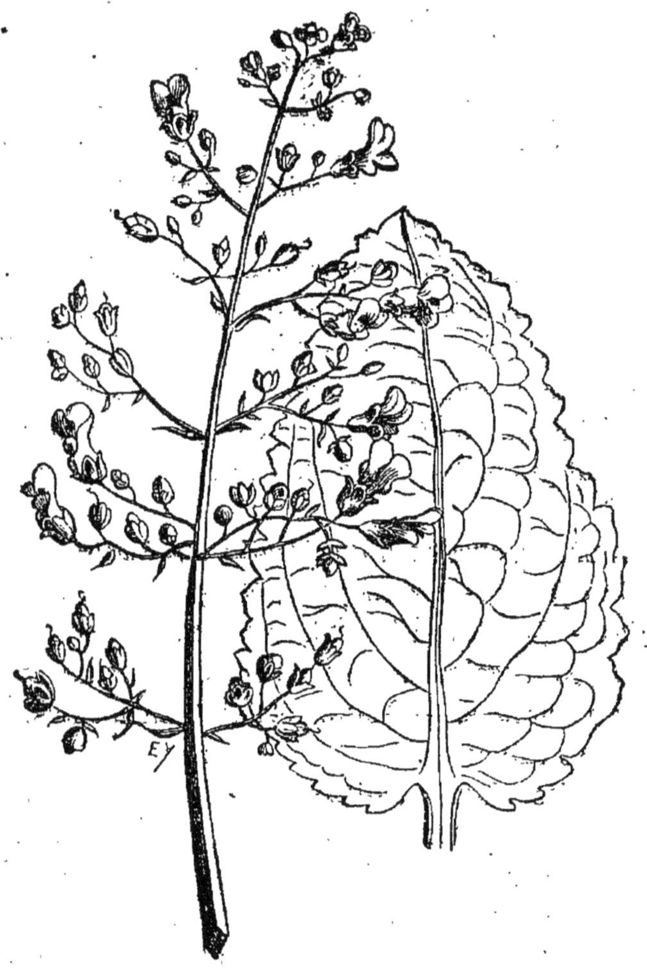

Scrofulaire.

Dans les campagnes, la Scrofulaire fraîche écrasée est fréquemment employée pour l'usage externe en cataplasme froid sur les coupures graves et sur les plaies anciennes, dont elle hâte la cicatrisation. La réputation de la Scrofulaire comme médicament externe date du long siége soutenu sous le règne de Louis XIII par la ville de La Rochelle. Vers la fin de ce siége, les chirurgiens avaient à panser une multitude de blessés, et ils avaient complétement épuisé leur provision de médicaments. Ils eurent recours à la Scrofulaire qui croissait en abondance dans les fossés de la ville; tous les blessés furent guéris. C'est à tort qu'en rapportant ce fait, un chirurgien de nos jours croit pouvoir ajouter qu'avec du linge propre et de l'eau fraîche, on aurait obtenu le même nombre de guérisons. Sans aucun doute, la Scrofulaire hâte la cicatrisation des plaies, et comme dit le proverbe : « Qui gagne temps, gagne vie. » Abréger les souffrances d'un blessé, le remettre promptement sur pied, c'est assurément lui rendre service; c'est ce que fait la Scrofulaire; il ne faut pas la dépouiller d'un mérite qui lui appartient.

COCHLÉARIA OFFICINAL (*Cochlearia officinalis*). — Famille des *Crucifères*. — Plante herbacée, glabre dans toutes ses parties. — Feuilles en forme de cuillère. — Fleurs blanches, en grappe terminale. — Calice étalé. — Sépales concaves, égaux à leur base. — Quatre pétales à limbe obtus. — Étamines peu saillantes.

Parmi les plantes antiscorbutiques, le *Cochléaria*, qui doit son nom à la forme de ses feuilles, forme analogue à celle d'une cuillère, est la plante qui contient à la dose la plus élevée le soufre et l'azote, les deux principes qui constituent les propriétés médicales de cette série de plantes. Le Cochléaria croît à l'état sauvage dans les terrains marécageux de toutes les parties du monde où on le rencontre sous les latitudes les plus diverses, depuis les îles de la mer du Sud, situées sous l'équateur, jusqu'au Groënland, en Islande et en Laponie, sous les latitudes les plus froides où l'homme puisse vivre. Ses propriétés résident uniquement dans ses feuilles qui sont, comme on sait, la base du sirop antiscorbutique, et celle d'un alcool très-usité pour l'entretien de la bouche. Dans la médecine domestique, on peut faire prendre aux enfants lymphatiques, d'un tempérament délicat, les feuilles de Cochléaria en infusion dans le vin, le lait ou la bière.

Cochléaria.

Cette infusion, prise le matin à jeun, excite l'appétit et donne de l'activité aux principaux appareils organiques, ce qui facilite sensiblement le travail de la croissance. Dans le Nord, le Cochléaria n'a pas la saveur âcre qui en rendrait impossible ailleurs l'usage comme aliment; les habitants du Groënland mangent le Cochléaria cuit, associé à l'oseille; les Islandais le mangent habituellement en salade. Les feuilles de Cochléaria ne peuvent être employées qu'à l'état frais; elles perdent toutes leurs propriétés par la dessiccation. Le suc clarifié des feuilles fraîches de Cochléaria pris à la dose de 30 grammes par jour, le matin à jeun, est aussi efficace que le suc de Cresson de fontaine contre les affections scorbutiques et scrofuleuses; mais beaucoup de malades, les enfants surtout, ont de la peine à en supporter l'odeur et la saveur trop prononcées, ce qui fait que ce médicament est beaucoup moins usité que le suc de Cresson de fontaine.

TROISIÈME SÉRIE.

PLANTES AROMATIQUES

—

ORIGAN COMMUN (*Origanum commune*). — Plante annuelle, de la famille des *Labiées*. — Tiges carrées, peu ramifiées. — Feuilles pétiolées, ovales, terminées en pointe mousse. — Fleurs roses ou blanches, en panicule au sommet des rameaux. — Calice à cinq dents. — Corolle à tube comprimé, — à deux lèvres, — l'inférieure à trois lobes.— Quatre étamines didynames. — Style filiforme. — Stigmate bifide.

L'Origan commun, originaire de l'Amérique du Nord, spécialement du Canada, est actuellement répandu dans toute l'Europe où il abonde le long des haies et sur la lisière des bois, dans les terrains secs. C'est une des plantes aromatiques sauvages dont il est le plus facile de faire ample provision en été, soit pour les bains, en l'associant à d'autres plantes, soit pour la conservation du linge et des vêtements; cette plante conserve presque toute son odeur à l'état sec.

Deux espèces du genre origan, la *Marjolaine* (*Origanum Majorana*) et l'*Origan dictame* (*Origanum creticum*), l'une et l'autre cultivées dans les jardins comme plantes d'orangerie ou de serre froide, possèdent des propriétés du même genre, plus développées que celles de l'Origan commun. La *Marjolaine*, facilement reconnaissable à la forme comprimée des épis tétragones de ses fleurs, a d'ailleurs tous les caractères botaniques du genre Origan. Elle est originaire de l'Asie centrale; elle croît à l'état sauvage dans tous les pays qui forment le bassin de la Méditerranée. Les sommités fleuries de Marjolaine séchées, réduites en poudre, et aspirées comme du tabac, sont un sternutatoire d'une énergie modérée, souvent utile contre les maux de tête auxquels sont [sujettes les personnes d'un tempérament nerveux.

L'*Origan dictame*, dont les caractères botaniques sont les mêmes que ceux de l'Origan commun et de la Marjolaine, se distingue par le vert blanchâtre de ses feuilles cotonneuses. Il était connu dans l'ancienne médecine qui en faisait fréquemment usage, sous le nom de *Dictame de Crète;* il est en effet originaire de l'île de Crète. Les sommités fleuries du Dictame, douées d'une odeur aromatique très-prononcée, peuvent être employées avec avantage en cataplasme résolutif sur les plaies douloureuses et les brûlures. L'infusion théiforme des feuilles de Dictame, à la dose de 30 grammes pour un litre d'eau, favorise la sortie des boutons pendant les éruptions cutanées.

Origan.

LAVANDE OFFICINALE (*Lavendula vera*). — Sous-arbrisseau

vivace de la famille des *Labiées*, — Tige frutescente à sa base. — Rameaux herbacés, d'un vert blanchâtre. —Feuilles opposées, étroites, obtuses. — Fleurs en épi cylindrique terminal, formé de verticilles très-rapprochés. — Calice tubuleux.— Bractées courtes, obtuses. — Corolle bleue, à deux lèvres; la supérieure émarginée; l'inférieure à trois lobes obtus. —Étamines renfermées à l'intérieur de la corolle.

La Lavande croît à l'état sauvage dans quelques parties du midi de la France. Des cantons entiers de l'Espagne, abandonnés sans culture, quoique naturellement fertiles, sont couverts de Lavande. Dans la plus grande partie de la France,

Lavande officinale.

la Lavande est cultivée dans les jardins où on lui réserve l'exposition la plus méridionale et le terrain le plus sec ; elle redoute par-dessus tout l'excès d'humidité. La Lavande tient le premier rang parmi les plantes aromatiques du climat européen. Son nom rappelle l'usage que les blanchisseuses (*Lavandières*) en font de temps immémorial pour parfumer le linge récemment lavé. L'odeur de la Lavande éloigne des armoires où sont suspendus les vêtements les papillons de la teigne dont la chenille détruit toute espèce de tissus. Les parfumeurs préparent, à l'aide de la distillation, une eau-de-vie de Lavande très-usitée pour la toilette ; c'est un cosmétique également agréable et inoffensif. On en obtient à peu près l'équivalent sans distillation, en versant quelques litres d'eau-de-vie dans une cruche remplie de sommités fleuries de Lavande cueillies au moment de leur pleine floraison. En faisant dissoudre dans cette infusion spiritueuse de Lavande nne petite quantité de savon blanc, on obtient un mélange d'un effet certain contre les douleurs rhumatismales et celles qui résultent des fortes contusions.

HYSOPE OFFICINALE (*Hyssopus officinatis*). — Sous-arbrisseau rameux, vivace, de la famille des *Labiées*. — Tige divisée en rameaux dressés, pulvérulents. — Feuilles opposées, sessiles, lancéolées, étroites, aiguës. — Calice tubuleux, à cinq dents. — Corolle bleue, rose ou blanche, bilabiée, courte, émarginée. — Lèvre inférieure à trois lobes. — Étamines écartées, saillantes en dehors de la corolle.

L'*Hysope*, répandue dans tous les pays chauds de l'Asie et de l'Europe méridionale, croît à l'état sauvage dans le midi de la France ; elle se plaît dans les terrains arides et pierrieux, et couvre fréquemment de sa végétation les vieux murs en ruines. Toutes les parties de la plante exhalent une odeur agréable qui diminue par la dessiccation, sans se perdre complétement. On présume, sans en avoir la certitude absolue, que la plante nommée par les botanistes modernes

Hysope, est la même que celle que les Hébreux nommaient *Ezob*, dont ils tiraient par la distillation, connue et pratiquée en Orient de temps immémorial, une eau parfumée très-usitée comme cosmétique. De nos jours, l'Hysope est rarement usitée, soit pour la médecine familière, soit comme cosmétique; elle peut être employée aux mêmes usages que la Lavande dont elle a toutes les propriétés.

Outre l'Hysope officinale, qui ne peut être cultivée que comme plante d'orangerie ou de serre froide, sous le climat de la France centrale, on cultive comme plante d'ornement l'*Hysope lophanthe* (*Hyssopus lophanthus*) originaire de la Chine, dont les fleurs sont plus belles et plus développées que celles de l'Hysope officinale, et qui possède d'ailleurs les mêmes propriétés aromatiques.

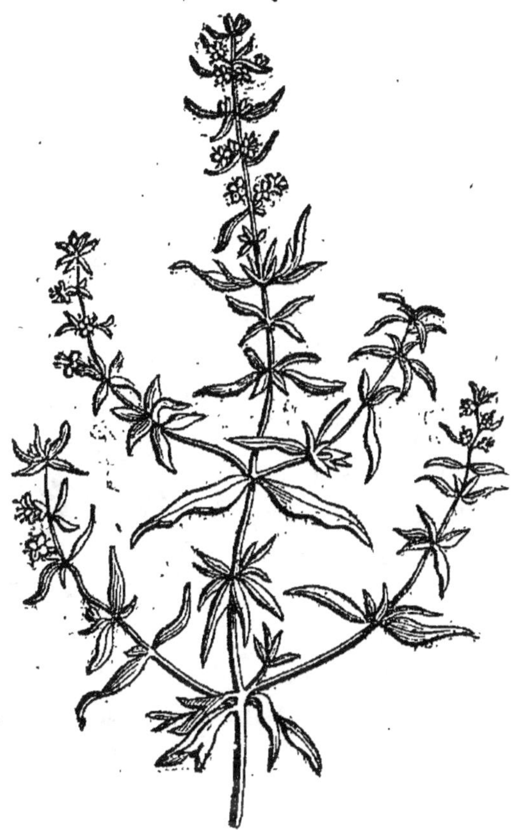

Hysope officinale.

ROMARIN (*Rosmarinus officinalis*). — Plante vivace de la

famille des *Labiées*. — Calice tubulé, comprimé à deux lèvres droites. — Corolle à tube plus long que le calice. — Deux étamines à filets simples. — Style plus long que les étamines, à stigmate simple. — Ovaire à quatre parties.

Le Romarin, très-commun à l'état sauvage dans tous nos départements du Midi, peut être cultivé dans nos jardins en pleine terre à l'air libre, jusqu'à la limite méridionale du bassin de la Loire; plus au nord, il doit être cultivé en pot et traité comme plante d'orangerie et de serre froide. Après avoir été pendant des siècles une plante sacrée, usitée dans les cérémonies religieuses du paganisme, puis une plante médicinale de premier ordre, le Romarin est redescendu au rôle plus humble de simple condiment pour la cuisine. En Italie, le Romarin est l'assaisonnement le plus usité pour donner au riz une saveur relevée; en France, il fait partie obligée des aromates employés pour la cuisson des jambons. L'infusion de Romarin, prise comme du thé,

Romarin.

est stomachique et diurétique; la parfumerie sait tirer un très-bon parti du principe odorant répandu dans toutes les parties du Romarin.

Dans les départements du Midi, les moutons, avant d'être vendus pour la boucherie, reçoivent, pendant quelques

jours, des rations de Romarin ; ce régime améliore sensiblement la saveur de leur chair.

IRIS DE FLORENCE (*Iris Florentina*). —Famille des *Iridées*.

Iris de Florence.

— Fleurs blanches. — Calice tubuleux adhérent à l'ovaire.—Ovaire infère. — Limbe à six divisions. — Trois étamines. — Un pistil. — Filets libres. — Anthères allongées. — Style triangulaire. — Trois stigm pétaloïdes.

Comme plante d'ornement, l'Iris de Florence, à fleurs d'un blanc terne, n'offre rien de bien remarquable ; elle n'est cultivée que pour ses racines tuberculeuses qui exhalent à l'état sec une odeur analogue à celle de la violette. Ces tubercules desséchés sont blancs, faciles à travailler au tour pour les convertir en pois à cautère, et à réduire en poudre pour les usages de la parfumerie. La poudre à la violette, l'huile antique à la violette, cosmétiques inoffensifs et très-usités, doivent leur odeur à la poudre de racine d'Iris de Florence. Cette poudre n'est préparée qu'au fur et à mesure des besoins ; son parfum très-volatil se dissipe assez promptement ; il n'en est pas de même des tubercules ; leurs propriétés pour la parfumerie se conservent indéfiniment, pourvu qu'on les tienne renfermés dans des vases clos, à l'abri de l'humidité.

Quoique le climat de la Toscane, pays d'origine de l'Iris de Florence, soit beaucoup plus chaud que le nôtre, on peut cultiver dans toute la France cette plante en pleine terre ; elle hiverne bien à l'air libre, moyennant une légère couverture de litière ou de feuilles sèches pendant les fortes gelées ; mais le parfum de ses tubercules est d'autant plus doux, qu'ils ont été obtenus sous un climat plus méridional.

THYM (*Thymus vulgaris*). — Famille des *Labiées*. — Plante herbacée, odorante dans toutes ses parties. — Calice tubuleux à cinq dents. — Corolle courtes à deux lèvres. — Le Thym est la plus vulgaire des plantes aromatiques ; on le rencontre partout en Europe, à l'état sauvage dans les pays méridionaux, ailleurs dans les jardins où il est employé comme bordures très-solides, d'un excellent effet ornemental par leur floraison prolongée et parfumée, très-supérieures, sous tous les rapports, aux bordures de buis qui sentent mauvais et favorisent la multiplication des limaces et limaçons, tandis que les bordures de thym les écartent. Le Thym étant vivace et essentiellement remontant, peut être coupé tous les ans. Quoiqu'il perde une partie de son odeur par la dessiccation, il offre la plus précieuse des ressources pour composer les bains aromatiques, très-utiles aux enfants délicats, surtout à l'approche de la crise des dents de sept ans. Le Thym, comme condiment, entre dans la composition d'une foule de sauces ; il est un des principaux aromates usités pour la cuisson des jambons. L'infusion légère de Thym est utile contre la diarrhée résultant de la consommation exagérée des guignes et des prunes de qualité inférieure; cette infusion, qui contient une très-petite dose de tannin, est astringente et stomachique. Quelques branches de Thym placées à la surface des caisses de figues, de pruneaux et de raisins secs, parfument ces fruits et contribuent à assurer leur bonne conservation.

Thym.

BASILIC (*Ocimum Basilicum*). — Famille des *Labiées.*—Plante herbacée, odorante. — Calice à deux lèvres, la supérieure large, entière l'inférieure à quatre dents subulées. — Corolle renversée, rouge. — Fleurs disposées en verticille. — Feuilles opposées, pétiolées, ovales lancéolées.

Le *Basilic*, originaire de la Chine et des Indes, est naturalisé en Europe de temps immémorial; il ne passe l'hiver en pleine terre à l'air libre que dans les contrées les plus méridionales; il ne peut être cultivé qu'en pot, comme plante d'orangerie ou de serre froide, sous le climat de l'Europe centrale. Toute la plante, même quand elle n'est pas en fleurs, exhale une odeur aromatique très-agréable.

A Paris et dans les grandes villes, le Basilic est la plante de prédilection des cordonniers; ils se plaisent à en avoir un pot près d'eux pour masquer la mauvaise odeur du cuir, bien que la combinaison de l'odeur du cuir avec celle du Basilic n'ait rien qui soit de nature à flatter beaucoup l'odorat. La saveur du Basilic, soit frais, soit sec, est forte, piquante, analogue à celle de la Badiane (*Anis étoilé*). L'infusion légère de sommités fleuries de Basilic possède à peu près les propriétés de la plupart des plantes aromatiques

Basilic.

de la même famille; elle est de plus éminemment diurétique. La poudre des feuilles sèches de Basilic est un sternutatoire d'une énergie modérée, qui, pris seul ou mêlé au tabac à priser, provoque l'éternuement et soulage les maux de tête nerveux.

Une fort belle espèce du même genre, le *Basilic de Ceylan*

(*Ocimum gratissimum*), est cultivée comme plante d'ornement, tant pour son abondante floraison que pour la douceur
de son parfum, plus délicat que celui du Basilic commun.

PLANTES NUISIBLES A DIVERS TITRES.

—

Gui (*Viscum album*). — Plante parasite de la famille des *Loranthées*. — Fleurs dioïques, mâles et femelles, sur des pieds différents. — Calice à bords entiers, peu saillant. — Quatre pétales caliciformes réunis par la base. — Quatre étamines dans la fleur mâle. — Dans la fleur femelle, ovaire infère, style court, stigmate obtus arrondi. — Fruit, baie globuleuse, d'un blanc de perle. — Tige ligneuse, cylindrique. — Rameaux dichotomes. — Feuilles sessiles, grasses, glabres, d'un vert jaunâtre.

Gui blanc.

La végétation du Gui, l'une des plus singulières de toute
la Flore européenne, avait été remarquée des Druides, mi-

nistres de la religion des Gaulois, nos ancêtres; c'était pour eux la plante sacrée par excellence. Les baies visqueuses du Gui se collent à l'écorce des arbres; la graine renfermée dans ces baies germe au printemps; elle insinue sa racine entre le bois et l'écorce, et la jeune plante vit aux dépens de la séve de l'arbre sur lequel elle est née, non sans lui faire un tort très-sensible. Le Gui est commun sur les vieux pommiers et poiriers des grands vergers; si l'on ne prend soin de l'extirper, il frappe ces arbres de stérilité, et hâte leur dépérissement. C'est donc à très-juste titre que le Gui est mis au rang des plantes nuisibles. Longtemps, la glu usitée pour la chasse aux petits oiseaux a été obtenue par macération des feuilles et des baies du Gui. Aujourd'hui, on obtient la glu plus aisément et de meilleure qualité, par la macération de l'écorce interne du Houx (*Ilex aquifoliensis*).

CUSCUTE (*Cuscuta Europea*). — Plante annuelle de la famille des *Convolvulacées*.— Calice monophylle, à cinq divisions. — Corolle monopétale, campanulée, à quatre ou cinq lobes. — Quatre ou cinq étamines. — Ovaires upère. — Deux styles à stigmate simple. — Tige filiforme. —Absence de feuilles.

La Cuscute offre dans son mode de végétation une particularité très-remarquable, excessivement rare dans le règne végetal. Ses graines, d'une ténuité microscospique, tombent à terre et peuvent y rester pendant un temps indéfini, tant qu'elles n'y rencontrent pas des conditions favorables à leur germination; elles ne peuvent germer qu'en terre et la jeune plante ne peut se développer qu'en puisant dans le sol ses premiers aliments. Mais, au bout de quelques jours la racine qui a commencé à faire vivre la Cuscute s'atrophie, meurt, et ne peut plus continuer à la nourrir. La Cuscute ne prolonge son existence que là où elle rencontre du Lin, de la Luzerne, des ajoncs ou quelque autre plante, soit cultivée, soit sauvage, qu'elle enlace de ses tiges minces et lisses comme des cheveux, et dans le tissu de laquelle elle enfonce ses suçoirs; quand elle en est là, la Cuscute n'a plus aucun besoin, ni de la racine, ni de la nourriture qu'elle avait d'abord puisée dans la terre. On voit que cette plante n'est en réalité parasite qu'à demi; elle commence comme toutes les autres plantes, et ne devient réellement parasite que quand les tiges sont devenues assez longues pour s'accrocher à un autre végétal, et vivre à ses dépens.

Le Lin et la Luzerne sont parmi les plantes admises dans la grande culture celles qui sont le plus fréquemment en proie aux attaques de la Cuscute. Les divers liquides proposés pour la détruire n'ont qu'une efficacité douteuse; le seul procédé dont le succès soit infaillible consiste à couper au niveau du sol toutes les

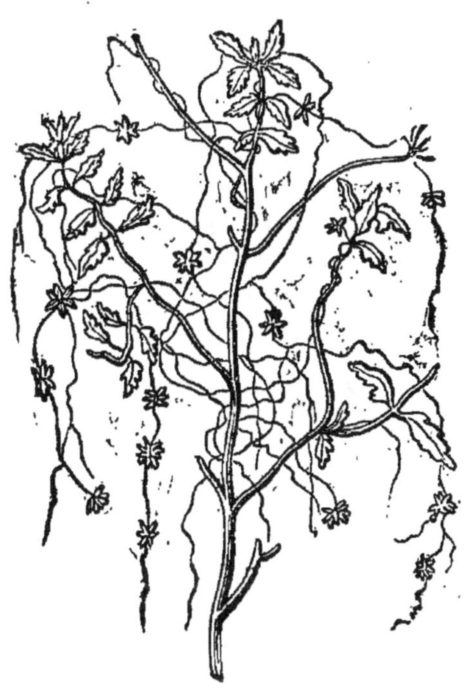

Cuscute d'Europe.

plantes enlacées dans la Cuscute. On les laisse sécher à demi sur place, puis, on y ajoute quelques poignées de broussailles sèches, et l'on y met le feu. Il faut bien se garder, en pareil cas, de gratter ou de remuer d'une manière quelconque la surface du sol sur lequel la Cuscute est brûlée, ce qui aurait pour but d'enterrer les graines invisibles de la plante, tombées à terre, et de les préserver de l'action du feu, de sorte que la Cuscute ne tarderait pas à reparaître. En laissant la place intacte, ces graines brûlent, et il n'est plus question de la Cuscute.

PANICAUT DES CHAMPS (*Eryngium campestre*). — Plante

Panicaut des champs.

annuelle de la famille des *Ombellifères*. — Fleurs en capitule. — Réceptacle conique. — Calice persistant, tubulé. — Corolle de cinq pétales. — Cinq étamines. — Ovaire adhérent au calice.

Il faut y regarder à deux fois pour reconnaître que les

botanistes ont eu raison de classer parmi les Ombellifères le Panicaut, connu dans les campagnes sous le nom vulgaire de Chardon-Roland ou Roulant, bien que ce ne soit pas un chardon ; son aspect et l'ensemble de ses caractères extérieurs le rendent essentiellement différent des autres plantes de la même famille, et lui donnent un grand air de ressemblance avec les chardons appartenant à la famille des Synanthérées. Le Panicaut tient surtout des chardons par les piquants dont ses feuilles sont armées. Quoiqu'il ne contienne aucun principe nuisible aux animaux herbivores domestiques, il est à juste titre classé parmi les plantes nuisibles, en raison du tort qu'il fait aux troupeaux de bêtes ovines, dans les pâturages secs, sur la lisière des bois et le long des chemins, où il croît à profusion à l'état sauvage.

Les moutons s'en éloignent, parce que les piquants de ses feuilles blessent leurs lèvres ; ils rebutent par la même occasion toute la bonne herbe qui entoure les touffes de Panicaut. Il en résulte qu'assez souvent un troupeau revient affamé d'un pâturage où il aurait pu se rassasier parfaitement, sans la présence du Panicaut. Si l'on emploie à temps perdu des femmes et des enfants à extirper le Panicaut, le salaire qu'on leur distribue pour cette besogne est de l'argent dépensé fort à propos.

LINAIRE (*Antirrhinum linaria*). — Plante vivace de la famille des *Scrofularinées*. — Calice irrégulier, à cinq divisions. — Corolle personnée, jaune, munie d'un long éperon. — Quatre étamines didynames. — Stigmate obtus. — Capsule déhiscente par le sommet.

Les feuilles lancéolées linéaires de cette plante lui donnent avant le développement de ses fleurs une ressemblance très-prononcée avec le lin cultivé : c'est l'origine de son nom. La fleur de la Linaire, d'une forme élégante, de deux nuances distinctes, jaune clair et jaune-orangé, serait au nombre des plus jolies parmi celles qui peuvent figurer dans un bouquet champêtre; et sans doute la Linaire serait admise dans nos parterres, comme plante d'ornement, sans la mauvaise odeur qu'elle exhale, odeur qui rappelle celle de la Scrofulaire, type de la famille à laquelle elle appartient.

La place qui lui est assignée parmi les plantes nuisibles est justifiée par ses racines vivaces et traçantes, qui s'emparent avec une déplorable rapidité des terrains légers de qualité médiocre; la Linaire y est à peu près aussi difficile à extirper que le chien-dent.

Linaire.

NIGELLE DES CHAMPS (*Nigella arvensis*). — Plante annuelle de la famille des Renonculacées. — Calice de cinq sépales colorés. — Corolle de cinq à dix pétales.— Étamines en nombre indéterminé. — Cinq à dix ovaires. — Cinq à dix styles, longs, simples. — Tige droite, rameuse. — Feuilles très-découpées. —Graine noire, aromatique.

Ni la graine de la Nigelle des champs, ni aucune partie de la plante n'est douée de propriétés nuisibles à l'homme ou aux animaux herbivores domestiques. Néanmoins elle mérite d'être classée au nombre des plantes nuisibles, à cause de l'abondance de ses graines, qui, mêlées au blé et au seigle, même en faible proportion, peuvent donner à la farine de ces céréales une saveur et une odeur qui les déprécient entièrement. La farine de froment ou de seigle gâtée par la graine de Nigelle des champs, donne un pain d'un gris violacé, d'un aspect peu appétissant et d'une saveur révoltante. Du reste, la graine de Nigelle est facile à éliminer par le criblage ; si cette opération était pratiquée avec soin sur les grains destinés soit à la mouture, soit aux semailles, il y a longtemps que la Nigelle aurait cesé de figurer comme mauvaise herbe dans nos champs de céréales.

Nigelle.

ORTIE BRULANTE (*Urtica uréns*). — Plante vivace, de la famille des *Urticées*. — Monoïque, et par exception, quelquefois dioïque. — Fleurs mâles, disposées en épi. — Calice à cinq divisions. — Quatre ou cinq étamines insérées à la base des divisions du calice. — Fleurs femelles, disposées en capitule. — Calice à deux ou quatre divisions. — Style court. — Stigmate capité. — Ovaire supère. — Graine recouverte par le calice persistant.

On connaît la sensation pénible, heureusement passagère, que cause le contact de l'ortie brûlante, ou plutôt de ses poils. Chacun de ces poils est un tube d'un très-petit diamètre, dont la base repose sur une glande renfermant un

Ortie.

suc excessivement âcre ; ce suc introduit immédiatement dans la piqûre produit l'enflure et la douleur. A ce titre seulement, l'Ortie brûlante mérite d'être classée parmi les plantes nuisibles ; car elle rend d'ailleurs de véritables services sous d'autres rapports. Ses feuilles et ses jeunes pousses hachées sont le meilleur aliment pour les dindon neaux pendant les deux premiers mois de leur existence. Les tiges parvenues à toute leur croissance, soumises au rouissage, et traitées comme celles du chanvre, donnent une fibre textile fine et souple, dont on peut fabriquer d'excellente toile. L'Ortie brûlante, tant que ses tiges et ses feuilles restent vertes, est un excellent fourrage, recherché de tous les animaux herbivores domestiques.

grostemme.

LYCHNIDE AGROSTEMME (*Agrostemma githago*). — Plante annuelle, de la famille des *Caryophyllées*. — Calice tubuleux à 5 dents. — Corolle composée de 5 pétales onguiculés. — 10 étamines. — 5 styles. — Fruit, capsule sessile ordinairement uniloculaire, quelquefois à 5 loges. — Feuilles opposées, sessiles. — Tige interrompue par des nœuds fragiles.

La *Lychnide agrostemme*, connue dans les campagnes sous le nom de *nielle*, est rarement assez multipliée dans les champs de céréales pour leur nuire en qualité de mauvaise herbe; elle n'est nuisible que par ses graines noires qui, lorsqu'elles sont mêlées au blé ou au seigle, donnent à la farine une teinte violette qui subsiste dans le pain, et qui déprécie singulièrement les farines, bien qu'elle ne puisse communiquer au pain aucune propriété réellement malfaisante. Les instruments perfectionnés de triage dont la meûnerie dispose permettent d'éliminer complétement les graines d'Agrostemme, de sorte qu'elles ne peuvent plus se trouver mêlées aux grains convertis n farine. Un triage soigné des grains de semence en sépare aussi complétement les graines d'Agrostemme ; la plante ne peut plus se multiplier que par celles de ses graines qui tombent à terre et sont enfouies par les labours après la moisson. L'Agrostemme ou nielle est une plante jadis très-nuisible soit comme mauvaise herbe, soit par ses graines mûres mêlées aux céréales; mais, de nos jours, elle tend évidemment à disparaître des champs cultivés de toute l'Europe.

HÉLLÉBORE NOIR (*Helleborus niger*). — Plante vivace, de la famille des *Renonculacées*. — Calice persistant, à cinq sépales arrondis. — Corolle à huit ou dix pétales courts. — Étamines au nombre de trente à soixante. — Ovaires au nombre de trois à dix. — Stigmates sessiles. — Feuilles coriaces, globus à segments pédalés.

L'Hellébore noir a dû aux propriétés purgatives drastiques de sa racine, la renommée dont il a joui longtemps comme plante médicinale, principalement employée contre la folie, que cette racine ne peut soulager en aucune façon. Elle exerce d'ailleurs sur l'économie humaine une action tellement violente, qu'on peut la considérer comme un véritable poison.

L'hiver n'interrompt pas la végétation de l'Hellébore noir ; c'est pourquoi il figure dans beaucoup de jardins comme plante d'ornement, sous le nom de rose d'hiver, ou rose de Noël. Ses fleurs très-larges, d'un ton livide légèrement teinté de rose, n'ont d'autre mérite que celui de s'épanouir

à une époque de l'année où, à l'exception de la perce-neige
galanthus nivalis), il n'y a pas dans le parterre d'autres
plantes en fleurs.

Hellébore noir.

HELLÉBORE BLANC (*Veratrum album*). — Plante vivace,
de la famille des *Colchicacées.* — Périanthe à six divisions
profondes, égales entre elles. — Trois ovaires supères,
ovales oblongs. — Trois styles courts. — Fruit, trois cap-

sules uniloculaires. — Fleurs verdâtres, en panicule terminal. — Racine tuberculeuse.

Bien qu'il ait occupé un rang honorable parmi les plantes médicinales dans l'antiquité et au moyen âge, l'Hellébore blanc, aussi nommé *Vérare* ou *Varaire*, est en réalité une plante vénéneuse. La chimie moderne a réussi à en isoler

Hellébore blanc.

le principe actif sous le nom de *Vératrine;* c'est un des poisons végétaux les plus violents.

ARRÊTE-BOEUF (*Ononis spinosa*). Plante vivace, de la famille des *Légumineuses*. — Tige sous-ligneuse, garnie d'épines. — Racines coriaces, nombreuses, beaucoup plus longues que la tige. — Feuillés trifoliées. — Fleurs papilionacées, teintées de rose clair. — Calice campanulé à cinq divisions linéaires. — Étendard de la corolle grand, redressé.— Carène acuminée.— Dix étamines monadelphes.

L'*Arrête Bœuf* ou Ononide épineuse, très-commune à l'état

Arrête-Bœuf.

de mauvaise herbe, dans le parties de la France où les labours sont exécutés par des attelages de bœufs, doit son nom à la ténacité de ses racines ; elles opposent souvent au labourage un obstacle tel que les bœufs sont effectivement forcés de s'arrêter. Les piquants de l'Arrête-Bœuf sont de véritables épines dures, acérées, ce qui rend impossible l'arrachage de la plante à la main. On ne peut s'en rendre maître qu'en défonçant le sol à 30 ou 40 centimètres, et en passant ensuite la herse à dents de fer, en long et en large. On peut alors, à l'aide de la fourche et du râteau de bois, mettre en tas les touffes d'Arrête-Bœuf arrachées avec leurs racines, les laisser sécher et les brûler sur place ; leurs cendres, riches en potasse, sont un bon amendement, surtout pour la culture de la betterave, et celle de la pomme de terre.

Pendant plusieurs siècles, la décoction des racines d'Arrête-bœuf a passé pour un remède souverain contre une foule de maladies, spécialement contre la pierre. La plante, dans toutes ses parties, est inoffensive ; mais, ses propriétés médicales sont purement imaginaires.

PLANTES UTILES A DIVERS TITRES.

—

AGRIPAUME (*Leonurus cardiaca*). — Plante annuelle de la famille des *Labiées*. — Fleurs très-velues, blanchâtres, légèrement teintées de pourpre, disposées en verticilles. — Calice bilobé, à cinq angles ; corolle bilabiée.— Lèvre supérieure entière. — Lèvre inférieure à trois lobes. — Anthères des étamines parsemées de points brillants.

L'Agripaume désignée dans les anciens livres de médecine sous le nom de *Cardiaque*, à cause de l'action directe qu'on lui attribuait sur le cœur, a passé longtemps pour un médicament tonique par excellence, regardé comme également efficace contre toutes les affections vermineuses. On peut encore en faire usage contre les vers des jeunes enfants, à la dose d'une pincée de sommités fleuries d'Agripaume, en infusion dans une petite tasse d'eau bouillante, à prendre chaude, bien sucrée, le matin à jeun. Quant aux maladies du cœur, contre lesquelles l'Agripaume ou Cardiaque a été employée pendant des siècles, comme remède d'une efficacité certaine, l'action de cette plante est évidemment nulle chez les personnes adultes, quand une affection grave de cœur s'est déclarée. Mais, l'usage de l'infusion chaude des sommités fleuries de Cardiaque peut, dans la médecine domestique, combattre avec succès les prédisposi-

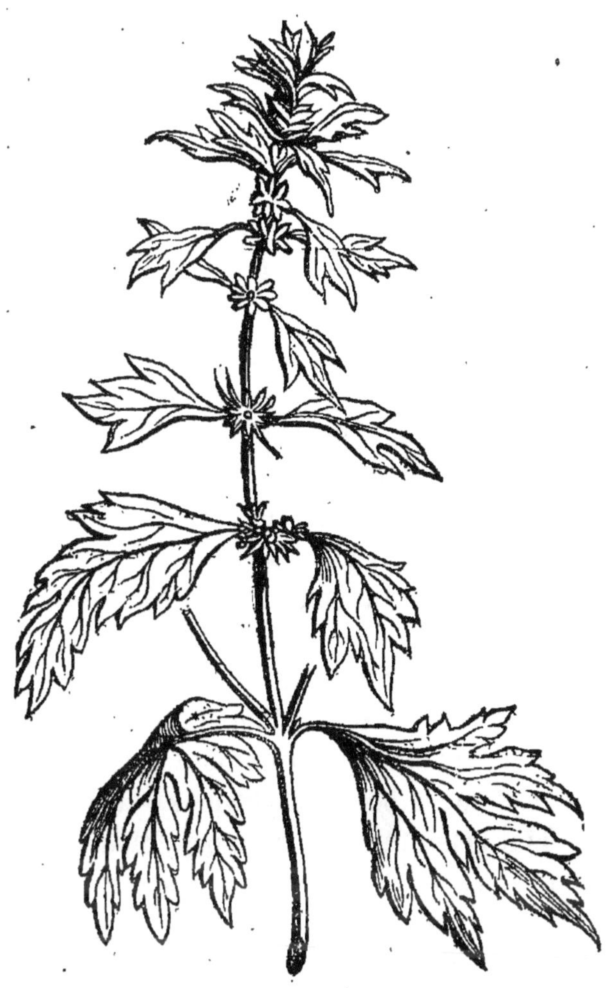

Agripaume.

tions aux maladies du cœur, lorsqu'elles se manifestent chez les enfants de huit à douze ans soumis à des fatigues dépassant la mesure de leurs forces. C'est ici le lieu de rappeler que diverses affections du cœur se produisent fréquemment chez les enfants de cet âge, à qui l'on a fait porter des charges trop pesantes, spécialement chez les jeunes filles, à cause de la manière dont elles portent sur un bras des enfants quelquefois aussi lourds qu'elles-mêmes. Les jeunes garçons ne sont pas aussi fréquemment atteints de ce genre d'affections, parce que quand ils ont à porter un fardeau très-lourd, ils le chargent sur leurs épaules, ce qui n'agit pas aussi directement sur le cœur. Dès qu'un enfant de huit à douze ans éprouve des palpitations et de la difficulté à respirer, symptômes précurseurs d'une maladie du cœur, quelques jours de repos, et l'usage d'infusion d'Agripaume peuvent en prévenir les conséquences.

Comme plante fourragère, l'Agripaume est avec raison classée parmi les moins nourrissantes ; elle contient en effet peu de principes nutritifs, et nulle part elle n'est multipliée artificiellement pour constituer des pâturages. Néanmoins, l'Agripaume est acceptée de tous les animaux herbivores domestiques qui semblent même la manger avec plaisir. Comme elle résiste parfaitement aux plus longues sécheresses, cette plante, qui croît naturellement dans les lieux incultes et sur le bord des chemins, offre aux bêtes ovines, pendant l'été, une ressource peu importante, il est vrai, mais qui n'est pourtant point à dédaigner.

CHÈVREFEUILLE (*Lonicera periclymenum*). — Arbrisseau sarmenteux, grimpant, type de la famille des *Caprifoliacées*. — Calice très-court, à cinq dents. — Corolle monopétale. — Cinq étamines épigynes, à filets saillants en dehors de la corolle. — Style de la longueur de la corolle. — Stigmate simple.

Le Chèvrefeuille croît en abondance dans les bois de toute l'Europe ; ses fleurs très-odorantes sont recherchées des enfants qui sucent le suc mielleux contenu dans la partie inférieure de la corolle, ce qui a fait donner en Angleterre au Chèvrefeuille le surnom de suc mielleux (*Honey-Suckle*). Les fleurs sèches sont employées avec succès en infusion théiforme, comme médicament sédatif et diurétique, parfaitement inoffensif. Les feuilles pilées appliquées en cataplasme froid sur les blessures, arrêtent le sang, et possèdent des propriétés vulnéraires très-prononcées. Ces propriétés existent au même degré chez le Chèvrefeuille des jardins (*Lonicera caprifolium*). On cultive aussi comme arbuste d'ornement de pleine terre le Chèvrefeuille de Virginie à fleurs écarlates presque dépouvues d'odeur, et à feuilles persistantes. Le Chèvrefeuille du Japon, autre espèce également d'ornement, porte une profusion de fleurs douées d'une forte odeur de

Chèvrefeuille.

fleurs d'oranger ; il est sensible au froid ; sous le climat de Paris, il ne peut être cultivé que dans l'orangerie ou la serre froide.

GALÉGA OFFICINAL (*Galega officinalis*). — Plante vivace, de la famille des *Légumineuses*.—Calice monophylle, à cinq dents. — Corolle papilionacée. — Dix étamines. — Ovaire supère. — Style simple. — Stigmate globuleux. — Tiges droites, rameuses. —Feuillage abondant. — Fleurs en grappes axillaires — bleues ou légèrement teintées de pourpre; — quelquefois, mais plus rarement, tout à fait blanches.

La Galéga, qui croît à l'état sauvage dans quelques dépar-

Galéga.

tements du midi de la France, est connu dans les campagnes sous le nom de rue des Chèvres; on lui a aussi donné le surnom de faux indigo, parce qu'on peut extraire de ses feuilles une matière colorante bleue analogue à l'indigo ; mais ce principe est peu abondant et de qualité inférieure; il ne payerait pas ses frais d'extraction. On a longtemps attribué à l'infusion de Galéga, plante fortement aromatique à l'état sec, des propriétés curatives contre les fièvres dites pernicieuses; mais, tout en conservant dans la classification botanique son surnom d'officinal, le Galéga, depuis la fin du dernier siècle, a cessé de figurer parmi les plantes à l'usage de la médecine moderne.

Depuis quelques années, un inspecteur de l'enseignement primaire, M. Gillet-Damitte, a entrepris d'appeler l'attention des cultivateurs sur les propriétés du Galéga comme plante fourragère. Des expériences nombreuses et concluantes ne permettent pas de douter que cette plante peu exigeante quant à la qualité du sol, ne puisse rendre des services du premier ordre, principalement pour l'alimentation du gros bétail et des chevaux, auxquels on peut distribuer le Galéga soit frais, soit sec, soit seul, soit en mélange avec d'autres fourrages. Sous le climat moyen de la France centrale, le Galéga peut donner quatre à cinq bonnes coupes de fourrage frais dans le courant de la belle saison; quand on ne tient pas à en récolter la graine; il peut donner une très-belle coupe à convertir en fourrage sec, et une seconde pour graine à la fin de l'été. Dans quelques expériences faites sur une petite échelle, le rendement du Galéga en fourrage vert a été sur le pied de 72,000 kilogrammes à l'hectare. Si, dans les conditions ordinaires de la grande culture, le Galéga n'atteignait qu'à la moitié de ce rendement, ce serait encore une précieuse addition à faire à la liste si peu nombreuse de nos bonnes plantes fourragères vivaces et remontantes.

Au point de vue industriel, les tiges du Galéga sont éminemment aptes à devenir la matière première d'un papier de bonne qualité; on voit que, sous tous les rapports, une place distinguée parmi les végétaux utiles à l'homme ne peut être refusée au Galéga officinal.

STAPHYSAIGRE (*Delphinium staphysaigria*). — Plante annuelle de la famille des *Renonculacées*. Calice de cinq fo-

Staphysaigre.

lioles inégales pétaliformes — la supérieure terminée en éperon. Corolles de quatre pétales irréguliers, dont l'un forme un éperon engagé dans celui du calice. — Quinze à trente étamines. — Trois ovaires supères. — Fruit, capsule droite, uniloculaire, s'ouvrant par son côté intérieur. — Tige cylindrique. — Feuilles palmées. — Fleurs en épi terminal.

Quoique toutes les parties du Staphysaigre soient inoffensives, il mériterait d'être classé parmi les plantes vénéneuses en raison de sa graine, qui est un poison violent. Mais l'âcreté excessive de cette graine lorsqu'elle est réduite en poudre en fait un remède efficace et très-utile pour la destruction des insectes parasites de l'homme et des animaux domestiques, ce qui met le Staphysaigre au rang des plantes utiles. La médecine vétérinaire fait quelquefois usage de la graine de Staphysaigre avec succès. Le Staphysaigre, dont les fleurs d'un bleu pâle ont un aspect agréable, est cultivé dans quelques jardins comme plante d'ornement.

GRANDE CHÉLIDOINE (*Chelidonium majus*). — Plante vivace, de la famille des *Papavéracées*. — Feuilles molles, très-découpées en segments arrondis. — Corolle régulière, à quatre pétales jaune d'or, disposées en croix. — Étamines en nombre indéterminé. — Stigmate bilobé. — Fruit silique à deux valves, uniloculaire. — Graine surmontée d'une crête glandulaire.

La Grande Chélidoine, plus connue dans les campagnes sous son nom vulgaire d'*Eclaire*, croît partout en Europe à l'état sauvage dans les terrains pierreux, et même dans les fentes des vieux murs. Les hivers les plus rigoureux interrompent à peine le cours de sa végétation ; elle fleurit de bonne heure au printemps. La tige, les feuilles et toutes les parties de la plante contiennent un suc jaune, très-âcre, qui, s'il était pris à l'intérieur, purgerait violemment, et produirait des effets analogues à ceux d'un véritable poison. De temps immémorial, le suc jaune de l'Éclaire est employé pour faire tomber les verrues ; avec de la persévérance, il produit l'effet désiré. Le principal service que le suc de

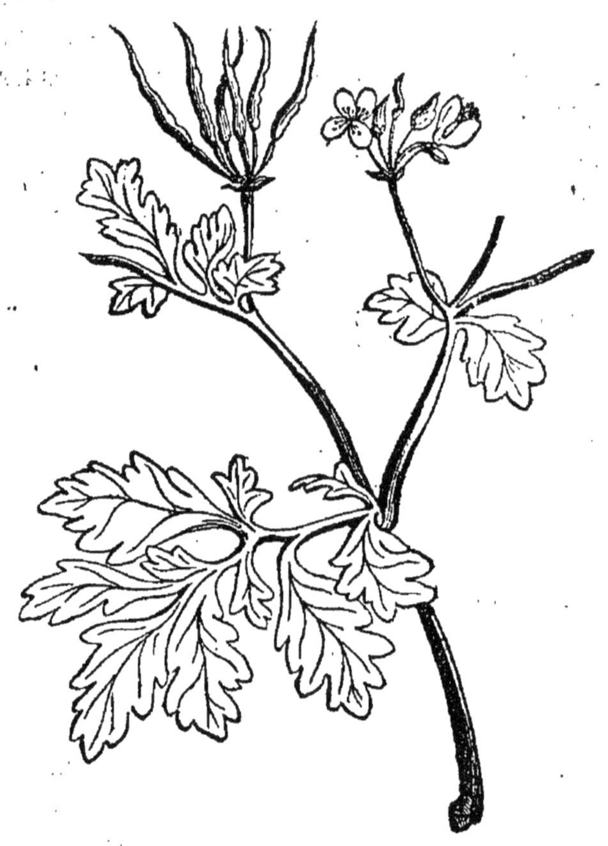

Chélidoine.

l'Éclaire rend aux personnes désireuses de faire tomber leurs verrues, c'est celui de les empêcher de recourir dans ce but aux acides nitrique et sulfurique (Eau-forte et huile de Vitriol). Ces deux liqueurs corrosives détruisent à la vérité les verrues ; mais pour peu qu'elles débordent sur la peau saine , elles y causent des plaies douloureuses, dont la cicatrisation n'est pas facile à obtenir. Le suc de l'Éclaire n'a d'action que sur la verrue; il ne peut en aucune façon endommager la peau saine qui l'environne. L'activité de ce remède n'est pas toujours la même; il manque assez souvent son effet lorsqu'on emploie le suc des vieilles feuilles de la Grande Chélidoine, sur lesquelles ont passé toutes les gelées de l'hiver ; il réussit au contraire lorsque le suc de la plante est exprimé quand celle-ci commence à fleurir, pendant les premiers beaux jours du printemps.

MATRICAIRE CAMOMILLE (*Matricaria chamomilla*). — Plante annuelle, de la famille des *Synanthérées*. — Involucre hémisphérique. —Fleurs radiées.—Demi-fleurons femelles fertiles, fleurons hermaphrodites. — Réceptacle convexe. — Graine dépourvue d'aigrette.

Cette plante est remarquable par son odeur pénétrante et

Matricaire.

désagréable; on la rencontre dans les champs cultivés, spécialement dans ceux dont le sol est riche en principes calcaires. On la confond généralement avec la CAMOMILLE COMMUNE (*Anthemis vulgaris*), plante de la même famille, douée de la même odeur, et présentant les mêmes caractères botaniques. La Camomille commune, soumise à la distillation, donne une petite quantité d'une huile essentielle odorante, d'un bleu foncé. Cette plante, cultivée en sol fertile dans les jardins, y donne des fleurs doubles en forme de boule, d'un effet ornemental agréable. Les botanistes ont fait de la Camomille double, vulgairement nommée Camomille romaine, une espèce distincte, sous le nom d'*Anthemis nobilis*.

On connaît les propriétés de la Camomille pour agir sur le système nerveux et combattre les indigestions. La Matricaire Camomille et la Camomille commune ont à peu de chose près les mêmes propriétés ; on leur préfère généralement la Camomille romaine à cause de son odeur moins désagréable quoique ses propriétés ne leur soient supérieures sous aucun rapport.

Joubarbe des toits.

JOUBARBE DES TOITS (*Sempervivum tectorum*). — Plante vivace de la famille des *Crassulacées*. — Calice monosépale persistant, à six, huit, ou douze divisions. — Corolle à six ou huit pétales. — Etamines à insertion périgynique, en nombre double des pétales. — Six à dix-huit pistils, disposés en cercle, au centre de la fleur. — Style simple. — Stigmate capitulé.

La Joubarbe des toits, qui croît à l'état sauvage, principalement sur les toits de chaume, est recherchée pour ses feuilles radicales, charnues, épaisses, pointues, imbriquées, offrant une ressemblance grossière avec un artichaut. Le suc de ses feuilles aide à la cicatrisation des coupures et brûlures. C'est un remède inoffensif qui provoque la chute des cors aux pieds. A tous ces titres, la Joubarbe des toits mérite une place dans le parterre, bien que ses fleurs rougeâtres, en épi unilatéral, soient plus bizarres que réellement jolies.

Pulmonaire.

La Joubarbe des toits vit principalement par ses feuilles aux dépens de l'atmosphère ; elle n'a presque pas de racines, et celles-ci lui servent plutôt d'attache que de moyen de subsistance.

PULMONAIRE OFFICINALE (*Pulmonaria officinalis*). — Plante annuelle, de la famille des *Borraginées*. — Tige herbacée. — Feuilles longues, étroites, pointues, tachées de blanc. — Calice à cinq lobes profonds. — Corolle tubuleuse, infundibuliforme. — Cinq étamines incluses. — Style simple. — Stigmate très-petit, légèrement bilobé.

La Pulmonaire officinale possède, comme plante pectorale, à peu près les mêmes propriétés que la Bourrache, qui appartient à la même famille. Elle croît en abondance dans les bois au sol frais et humide ; elle y fleurit de très-bonne heure au printemps ; il faut en faire provision au moment de la pleine floraison ; la couleur d'un brun foncé que prend la plante en se desséchant ne diminue pas ses propriétés. La tisane pectorale de Pulmonaire peut être préparée avec la plante fraîche comme avec la plante à l'état sec. La dose est d'une poignée pour un litre d'eau bouillante ; elle peut être prise chaude ou froide avec le même avantage ; elle doit, dans tous les cas, être fortement sucrée.

GÉRANIUM HERBE A ROBERT (*Geranium Robertianum*). — Plante annuelle de la famille des *Géraniées*. — Calice composé de cinq folioles égales entre elles. — Corolle de cinq pétales égaux. — Dix étamines. — Style terminé par cinq stigmates.

La couleur d'un rouge vif des tiges de cette plante, son feuillage élégamment découpé, et ses nombreuses fleurs d'un rose vif, la font remarquer dans les lieux incultes et pierreux, où elle fleurit abondamment tout l'été. Le suc exprimé du Géranium herbe à Robert peut être utilement employé pour arrêter le sang des coupures et hâter leur cicatrisation ; cette plante peut rendre d'autant plus de services sous ce rapport qu'on la rencontre partout, croissant dans des lieux où il serait difficile de mettre la main sur d'autres plantes douées de propriétés analogues aux siennes. ——

On peut tirer le même parti d'une autre plante du même genre, très-voisine de la précédente, le Géranium bec de

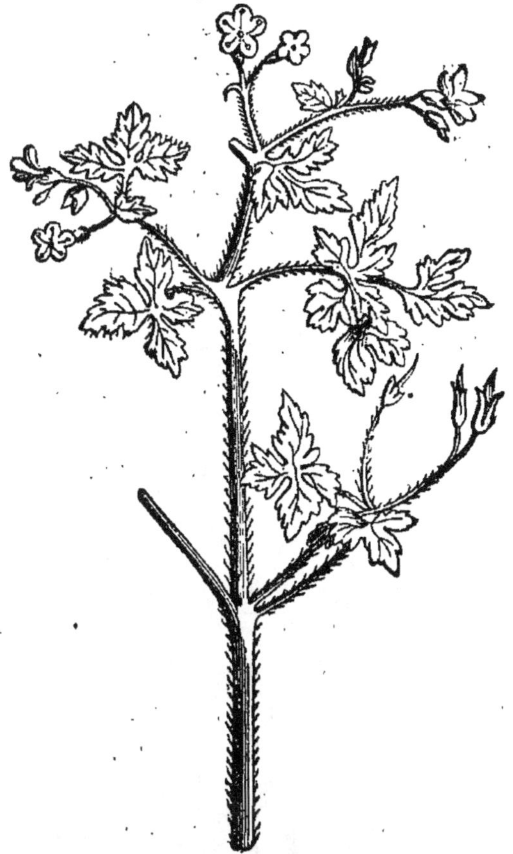

Géranium Robertin.

grue, qui doit son surnom à la forme de la capsule qui contient ses graines..

GENÉVRIER COMMUN (*Juniperus communis*). — Arbuste de la famille des *Conifères*. — Feuilles ternées, roides, aiguës, presque piquantes. — Fleurs dioïques. — Chatons petits, solitaires, axillaires. — Chatons mâles sessiles, globuleux. — Quatre étamines dépourvues de filet. — Chatons

femelles portés sur un pédoncule court. — Écailles im
briquées. Fleurs femelles sessiles. en forme de bou-
teille.

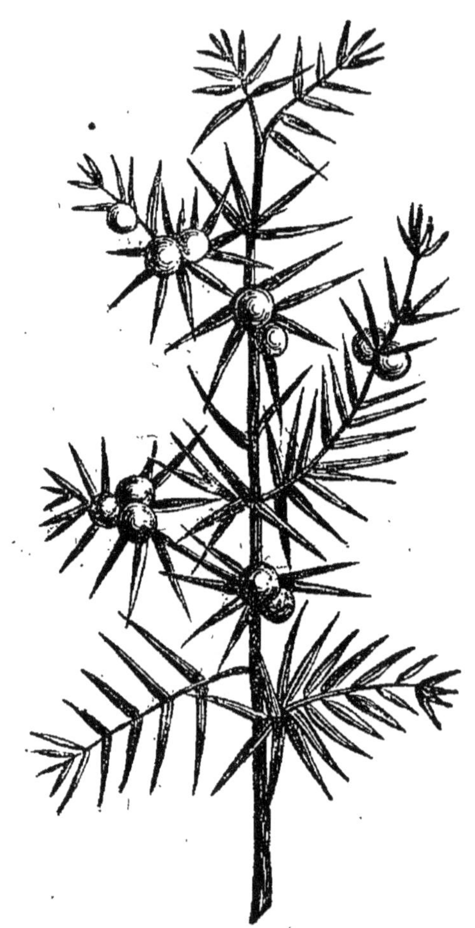

Genévrier

Le Genévrier est utilisé pour ses baies et ses rameaux ;
cet arbuste, aromatique dans toutes ses parties, porte dans
le midi de la France le nom de *Cade*. C'est à la fumée odo-

rante des branches de Genévrier que les jambons de Bayonne doivent la saveur particulière sur laquelle est basée leur réputation gastronomique. Le Genévrier croît

Germandrée.

en abondance dans les terrains incultes du nord de l'Europe comme dans ceux du midi. Ses baies, distillées avec l'eau-de-vie de grains, lui communiquent une odeur spé

...ciale qui a fait donner à cette liqueur le nom d'eau-de-vie de genièvre, ou, par abrégé, genièvre.

On obtient des baies de Genièvre, par l'évaporation lente de leur décoction, un extrait stomachique, très-utile aux estomacs paresseux. Cet extrait peut être pris, soit seul, soit associé à l'extrait de Gentiane, à la dose d'un gramme par jour, le matin à jeun, pendant douze à quinze jours. C'est un remède exempt de tout danger, spécialement favorable au rétablissement des malades qui digèrent difficilement, pendant la convalescence qui suit une maladie de longue durée.

GERMANDRÉE PETIT CHÊNE (*Teucrium chamœdrys*). — Plante annuelle, de la famille des *Labiées*. — Calice tubuleux, à cinq lobes. — Corolle rouge, à tube court, à deux lèvres. — Quatre étamines didynames. — Graine une. — Tige courte, presque ligneuse. — Feuilles profondément crénelées.

La Germandrée doit son surnom de petit chêne à la ressemblance éloignée de la forme de ses feuilles avec celle des feuilles du chêne Rouvre. Elle croit abondamment à l'état sauvage dans tous les lieux incultes et découverts de l'Europe centrale. Le principe amer que contiennent toutes les parties de la plante possède une efficacité réelle pour combattre les fièvres intermittentes ; avant l'introduction du Quinquina en Europe, la Germandrée était un des médicaments fébrifuges les plus usités. La tisane de Germandrée est utile contre les affections de l'estomac. Il faut faire provision de cette plante quand elle est en fleurs, vers le milieu de l'été, et la conserver sèche ; elle perd son amertume et par conséquent ses propriétés en vieillissant ; on doit en renouveler la provision tous les ans ;

celle qui a été conservée pendant deux ans ne vaut plus rien.

PHYSALIDE ALKÉKENGE (*Physalis alkekengi*). — Plante annuelle, de la famille des *Solanées*. — Calice persistant,

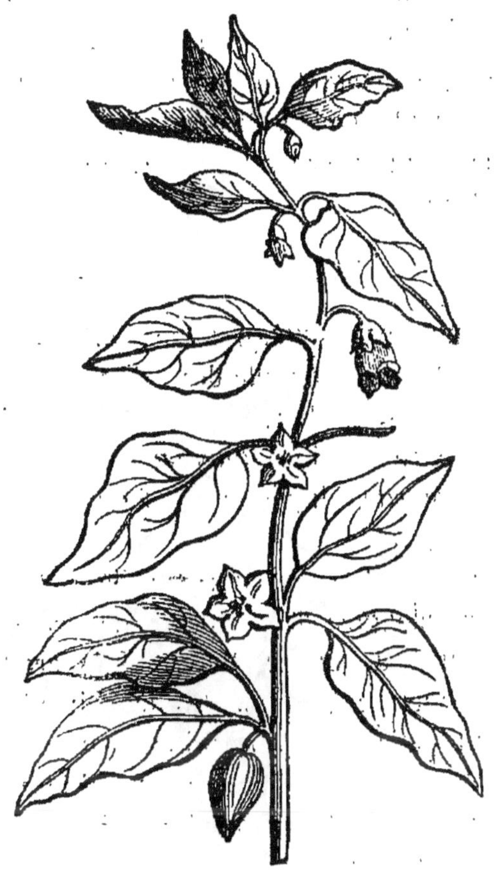

Physalyde alkékenge.

à cinq divisions. Corolle rosacée, à tube court. — Cinq étamines plus courtes que la corolle. — Anthères droites et conniventes. — Ovaire arrondi. — Style de la longueur des étamines. — Stigmate obtus. — Fruit, baie charnue, rouge cérise, enfermée dans le calice persistant. — La Physalide

Bon Henri.

alkékenge est connue sous son nom vulgaire de *Coqueret*. Son fruit, qui devient d'un beau rouge à sa maturité, est alors enfermé dans une sorte de coque formée par le calice, qui a continué à grandir après la chute de la corolle. Dans une partie de nos départements de l'Ouest, on cultive le Coqueret, dont le fruit est employé pour donner une belle nuance jaune au beurre, qui pendant l'hiver devient presque blanc, tandis que les vaches sont tenues au régime exclusif du fourrage sec. C'est de nos jours la seule manière dont on tire parti des fruits de la Physalide ou Coqueret, fruits qui, sous le nom de Baie d'alkékenge, ont longtemps figuré avec distinction dans la matière médicale.

ANSÉRINE BON-HENRI (*Chenopodium Bonus Henricus*). — Plante annuelle, de la famille des *Atriplicées*. — Feuilles hastées. — Fleurs en longue grappe terminale. — Fleurs petites, verdâtres, hermaphrodites. — Calice monosépale persistant. — Cinq étamines. — Trois ou quatre stigmates sessiles, nébulés. — Ovaire libre, uniloculaire.

L'Ansérine doit son nom à la ressemblance grossière de la forme de ses feuilles avec une patte d'oie; on a depuis longtemps renoncé à l'employer comme plante médicinale, et il ne paraît pas qu'il y ait lieu de le regretter. Les feuilles de l'Ansérine Bon-Henri peuvent être accommodées et mangées soit seules, soit associées aux épinards; elles sont dépourvues de saveur, et ne possèdent aucune propriété nourrissante.

AUBÉPINE (*Cratœgus Oxyacantha*.) — Arbuste épineux, de la famille des *Rosacées*. — Calice à cinq dents. — Corolle de cinq pétales arrondis, étalés. — Étamines en nombre indéterminé. — Plusieurs styles glabres. — Fruit, baie rouge globuleuse. — Fleurs en cimes terminales étalées. — Feuilles lisses, à lobes profonds.

L'Aubépine mérite une place parmi les végétaux utiles en raison des services qu'elle rend comme arbuste éminemment propre à constituer des clôtures solides, durables et

ubépine.

impénétrables. C'est que les épines de cet arbuste son dures et nombreuses, que les plus petites branches en sont hérissées, et qu'il supporte mieux que tout autre la taille aux ciseaux, ce qui lui fait pousser une profusion de branches intérieures. Une haie d'Aubépine bien taillée devient un réseau de rameaux épineux entrelacés, plus difficile à franchir que ne le serait un mur en maçonnerie. On obtient de semis le plant d'Aubépine en semant les graines contenues dans les baies récoltées seulement après que les gelées de l'hiver ont passé dessus. Ces graines, dont l'enveloppe est formée d'une substance cornée analogue à celle des noyaux de la nèfle, ne lèvent le plus souvent qu'après un séjour de deux années en terre ; un semis dont il ne lève rien ou presque rien la première année ne doit pas être considéré comme perdu.

On multiplie en les greffant sur le plant d'Aubépine à fleurs simples deux belles variétés fort recherchées comme arbustes d'ornement, l'une à fleurs doubles blanches, l'autre à fleurs doubles roses.

Les baies de l'Aubépine simple contiennent un principe astringent dont la médecine domestique peut tirer parti pour combattre la diarrhée chez les enfants. On fait cuire les baies récoltées très-mûres dans un peu d'eau, on donne le matin à jeun une tasse de cette décoction froide et bien sucrée. C'est, dans tous les cas, un médicament parfaitement inoffensif.

PHYTOLAQUE (*Phytolacca decandra*). — Plante annuelle de la famille des *Atréphicées*.— Calice coloré à cinq divisions. — Cinq étamines hypogynes, à anthères bilobées. — Ovaire uniloculaire. — Style court, recourbé. — Fruit, baie globuleuse comprimée. — Fleurs rougeâtres, en épis latéraux, pendants, opposées aux feuilles.— Tige cylindrique purpurine. — Racine charnue.

La Phytolaque, originaire de l'Amérique du Nord, se rencontre en France dans beaucoup de jardins, où elle est connue sous son nom vulgaire de Raisin d'Amérique, bien que ses baies, d'un violet presque noir, n'offrent avec le fruit de la vigne qu'une ressemblance fort éloignée. Nulle part en Europe la Phytolaque n'est cultivée à titre de plante potagère, comme elle l'est par les Américains, qui en mangent les feuilles préparées comme les épinards.

Phytolaque.

C'est un mets inoffensif qui, de même que les épinards, ne contient aucune parcelle de substance nourrissante. Dans plusieurs de nos départements de l'Ouest où l'on récolte des vins très-passables, mais assez difficiles à placer parce qu'ils manquent de couleur, on cultive la Phitolaque pour en récolter les baies, dont le jus très-foncé communique au vin une coloration flatteuse à la vue, en même temps qu'une saveur fade, qui gâte le vin au lieu de l'améliorer, sans toutefois lui donner aucune propriété malfaisante. Le principe colorant des baies de la Phytolaque, bien que très-abondant, manque de fixité et n'a pu jusqu'à présent être utilisé ni pour la teinture, ni pour la peinture artistique. La Phytolaque, en raison de l'élégance de ses formes, est fréquemment cultivée comme plante d'ornement.

FRAXINELLE (*Dictamus albus*). — Plante vivace de la famille des *Rutacées*. — Calice à cinq divisions profondes. — Corolle de cinq pétales irréguliers, inégaux. — Dix étamines. — Style unique, formé de dix styles soudés les uns aux autres. — Tige cylindrique. — Feuilles sensiblement semblables à celles du frêne, origine du nom de la plante. — Fleurs en épi terminal.

La Fraxinelle, ou Dictame blanc, mérite jusqu'à un certain point la réputation dont ses feuilles fraîches écrasées ont joui longtemps comme topique propre à hâter la cicatrisation des coupures et de toutes les plaies d'armes blanches. Sa racine peut être employée avec succès dans la médecine familière, en décoction sudorifique et vermifuge. De nos jours, cette plante n'est cultivée que comme plante d'ornement dont on possède deux variétés, l'une à fleurs blanches, l'autre à fleurs roses. Mais la propriété la plus remarquable de la Fraxinelle, celle qui a attiré sur elle l'attention et la curiosité des botanistes, est celle qui a été découverte accidentellement par la fille du grand botaniste Linné. Mademoiselle Linné, ayant remarqué un soir qu'un pied de Fraxinelle dont elle n'avait point encore vu la fleur était près de fleurir, se releva pendant la nuit pour la voir épanouie. En approchant une bougie de la plante en fleurs, l'huile essentielle exhalée par toutes les parties de la

Fraxinelle.

Fraxinelle s'enflamma subitement, mais sans produire assez de chaleur pour donner lieu à une brûlure. Le phénomène ne se produit que les jours de grande chaleur.

LANGUE-DE-SERPENT (*Ophioglossum*). — Plante vivace, de la famille des Fougères, tribu des *Ophioglossées*. — Feuilles simples, entières. — Épi porté sur un long pédoncule, formé de deux rangs de capsules bivalves. — Graines libres, blanches, très-menues.

La Fougère, dite Langue-de-Serpent, partage, mais dans des proportions assez faibles, les propriétés vermifuges attribuées longtemps avec exagération au polypode dit Fougère mâle. Elle mérite surtout d'être mentionnée, parce que, dans les cantons où on la rencontre assez fréquemment à l'état sauvage, elle est préférée à tous les vermifuges d'une efficacité réelle, de sorte que les fièvres vermineuses des enfants se prolongent indéfiniment, alors qu'elles auraient pu céder à une médication meilleure. Son seul mérite, c'est d'être parfaitement inoffensive, et ce mérite est un défaut pour les habitants des pays où le régime alimentaire rend les affections vermineuses graves et fréquentes.

Langue-de-Serpent.

GARANCE (*Rubia tinctorum*).— Plante vivace de la famille des *Rubiacées*. — Calice très-court, à quatre dents. —Corolle monopétale à quatre divisions (rarement cinq). Quatre ou cinq étamines. — Ovaire infère. — Style bifide. — Deux stigmates. — Tige quadrangulaire, rameuse. — Racines nombreuses, riches en matière colorante rouge.

La Garance dont les propriétés tinctoriales sont connues et utilisées de toute antiquité, n'était pas cultivée en France lorsque, sous le règne de Louis XIV, un Persan nommé Althen, converti au christianisme, vint habiter Avignon,

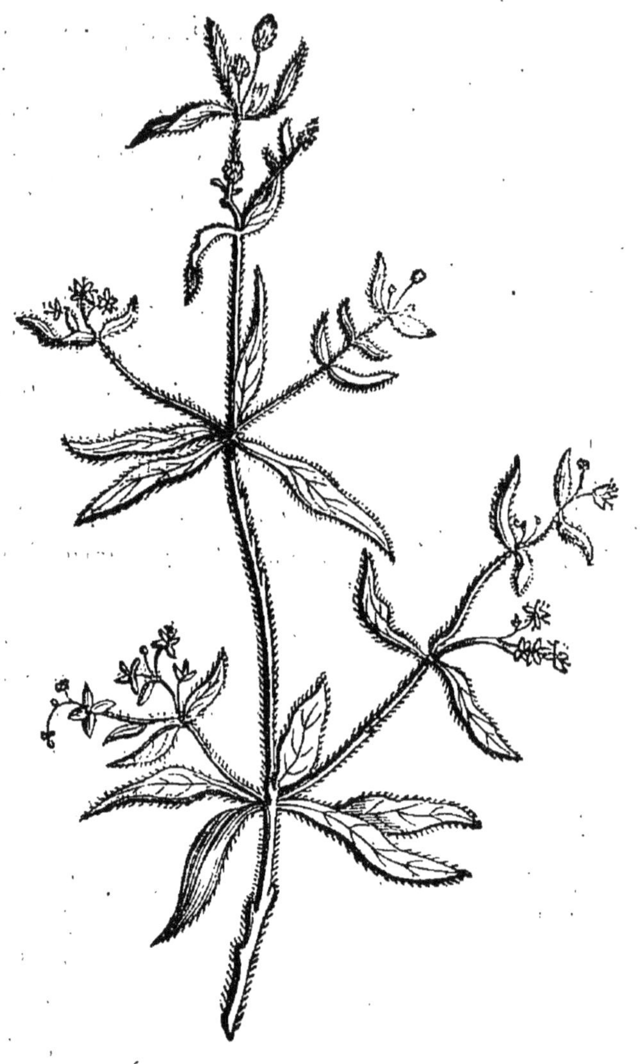

Garance.

qui appartenait alors aux papes. Il remarqua dans ses promenades autour de la ville la Garance croissant à l'état sauvage ; il entreprit d'en enseigner aux Provençaux la culture et les usages. Sa première tentative échoua. eut le courage de retourner en Perse, malgré les dangers que pouvait lui faire courir sa qualité de chrétien ; il en rapporta de la graine de Garance cultivée, recommença ses essais, et réussit complétement. Depuis cette époque, la Garance n'a pas cessé d'être cultivée en grand dans le département de Vaucluse où elle est une source d'importants bénéfices.

A part l'usage tinctorial qui justifie son surnom, la Garance, par des procédés chimiques, fournit à la peinture artistique un très-beau rouge vif désigné sous le nom de carmin de Garance, peu différent du vrai carmin extrait de la Cochenille. Dans les cantons du midi de la France, où la Garance croît sans culture, on peut en utiliser les racines pour teindre en rouge, non-seulement toute espèce de tissus, mais encore toute sorte d'objets de tabletterie en os et en ivoire.

GAUDE (*Reseda luteola*). — Plante annuelle de la famille des *Résédacées*. — Calice monophylle quadrifide. — Corolles de quatre pétales irréguliers, douze à vingt étamines. — Ovaire supère. — Trois styles. — Stigmates sessiles. — Tige droite le plus souvent simple. — Racine pivotante.

La Gaude, également connue sous les noms vulgaires de Guède et de Jaunêtre, contient dans toutes ses parties, mais surtout dans la tige et la racine, un principe colorant jaune utilisé par l'art du teinturier. Dans tous les départements de l'est de la France, la Gaude croît en abondance sur les terrains incultes et peu fertiles ; on peut la récolter et en utiliser la décoction pour teindre en jaune clair toute espèce de tissus. Les teinturiers n'emploient que la Gaude cultivée, qui ne constitue pas une espèce distincte, et ne diffère en rien de la Gaude sauvage. La culture en est facile ; elle vient avec peu d'engrais sur les terres médiocres, et la récolte se place à des prix avantageux. Dans quelques cantons, on coupe la Gaude au niveau du sol ; il vaut mieux l'arra-

Gaude.

cher, car la racine est aussi riche que la tige en matière colorante jaune.

On recommande aux cultivateurs des cantons manufac-turiers de ne livrer la Gaude que *sur commande*, par conséquent, avec la certitude du placement de la récolte. Autrement, selon l'état plus ou moins prospère de l'industrie des tissus, il pourrait arriver que la Gaude ne trouvât pas d'a-

Aubergine.

cheteurs et que la récolte restât pour le compte du producteur.

AUBERGINE (*Solanum melongena*). Plante annuelle de la famille des *Solanées*.— Calice monophylle, persistant, à cinq dents. — Corolle monopétale, en roue, cinq étamines. — Ovaire supère. — Style filiforme. — Stigmate obtus. — Tige herbacée. — Feuilles ovales. — Fleurs latérales le plus souvent solitaires.

On cultive deux variétés d'Aubergine, l'une à fruit blanc, l'autre à fruit violet. Cette dernière est connue dans le midi de la France sous le nom de Melongère. L'Aubergine à fruits blancs porte le nom vulgaire d'Herbe-aux-œufs. En effet, ces fruits d'un blanc mat, à leur maturité ont exactement le volume et l'aspect des œufs de poule. Les fruits de cette Aubergine ne sont pas comestibles ; elle n'est cultivée dans les jardins que comme plante d'ornement. L'Aubergine à fruit violet, trois ou quatre fois plus volumineux que celui de l'espèce à fruit blanc, est cultivée comme plante alimentaire. Ses fruits crus ne sont pas mangeables ; coupés par tranches, frits dans l'huile d'olive ou assaisonnés de diverses manières, ils constituent un mets recherché, mais de digestion difficile, que les estomacs délicats ne peuvent supporter.

OXALIDE (*Oxalis acetosella*). — Plante annuelle, de la famille des *Oxalidées*. — Calice persistant à cinq folioles. — Corolle de cinq pétales égaux entre eux. — Dix étamines hypogynes. — Ovaire supère. — Cinq styles. — Feuilles ternées à trois folioles en cœur renversé. — Racine écailleuse.

L'Oxalide, connue dans les campagnes sous son nom vulgaire de Surelle, croît partout à l'état sauvage sur les terrains incultes, ou à l'état de mauvaise herbe dans les champs cultivés et dans les jardins. C'est de cette plante, et non pas de l'Oseille proprement dite, plante dont les nombreuses espèces et variétés constituent le genre Rumex, qu'on extrait l'oxalate de potasse, désigné à tort sous le nom de sel d'oseille. L'Oxalide fraîche écrasée fait disparaître sur le linge et sur la peau les taches d'encre persistantes. Les femmes et les enfants qui cueillent de l'herbe fraîche pour la nourriture des lapins domestiques doivent éviter d'y mêler de la Surelle. Bien que cette plante ne soit point un

Oxalide.

poison, son excessive acidité peut donner aux jeunes lapins des coliques suivies de diarrhée, fréquemment mortelles

CAMÉLINE (*Myagrum sativum*). — Plante annuelle de la famille des *Crucifères*.— Calice peu développé.—Corolle de quatre pétales onguiculées, disposés en croix.— Fleurs jaunes, en panicule terminal. — Six étamines didynames. — Style conique persistant. — Tige cylindrique, glabre.

La Caméline est, parmi les plantes à graines oléifères, la moins exigeante quant à la qualité du terrain ; elle réussit et donne des récoltes passables, dans des terres au-dessous du médiocre, sans exiger ni les repiquages, ni les binages,

Caméline.

ni les fortes fumures qui rendent la culture du colza si dispendieuse. La Caméline est, à proprement parler, le colza des terres pauvres. L'huile de graine de Caméline est douée d'une saveur âcre très-prononcée, qui empêche qu'elle ne soit comprise parmi les huiles comestibles. Mais elle est excellente soit pour l'éclairage, soit pour la fabrication du savon de potasse. On fait avec ses tiges, dont la graine a été séparée par le battage, des balais durables et d'un usage commode.

PAVOT-ŒILLETTE (*Papaver somniferum*). — Plante annuelle de la famille des *Papavéracées*.—Calice à deux stipu-

Pavot-Œillette

les concaves.— Corolle de quatre pétales. — Étamines hypogynes, en nombre indéterminé. — Ovaire libre. — Fruit, capsule globuleuse uniloculaire.—Graines nombreuses, petites, réniformes, oléifères.

Le Pavot-Œillette est cultivé en grand dans le nord de la France pour sa graine qui fournit une huile comestible de bonne qualité, la meilleure de toutes après l'huile d'olive. On sait que ses capsules renferment les grains connus sous leur nom vulgaire de *têtes de pavot*, contenant de l'opium à dose assez élevée. Ce poison, car c'en est un, et des plus violents, n'existe pas dans la graine; l'huile de cette graine en est par conséquent complétement exempte. Néanmoins, pendant tout le siècle dernier, cette huile passait pour tellement insalubre que la vente pour l'usage comestible en était sévèrement interdite. Aujourd'hui, tout le monde s'en sert et personne n'en est incommodé. Il ne faut cultiver le Pavot-Œillette que dans les terres à froment de première classe; sa culture ne réussit que par des soins assidus et intelligents; pratiquée habilement et dans les terres qui conviennent à la plante, la culture du Pavot-Œillette est une des plus lucratives de celles qui occupent les riches plaines du nord et du nord-ouest de la France.

SPERGULE (*Spergula arvensis*). — Plante annuelle de la famille des *Caryophyllées*. — Calice à cinq folioles. — Corolle à cinq pétales entiers. — Dix étamines. — Ovaire supère. — Cinq styles filiformes. — Fruit, capsule uniloculaire. — Graines très-nombreuses. — Feuilles linéaires en verticilles.

La Spergule, qu'on rencontre partout en France à l'état de mauvaise herbe dans les champs cultivés, est la plus petite, mais non pas la moins utile des plantes fourragères. Dans tout le nord de la France, la graine de Spergule, qu'on nomme aussi Spargonte, est semée, après déchaumage, à la suite d'une récolte de céréales. Elle produit un fourrage frais très-court, mais très-nourrissant sous un petit volume. L'extrême rapidité de sa croissance rend la Sper-

gule précieuse pour les terres exposées au nord, où la
moisson se fait plus tard qu'ailleurs, de sorte qu'une re-
colte dérobée autre que celle de la Spergule n'aurait pas le
temps d'y croître avant l'arrivée des premiers froids. Les
propriétés nutritives très-développées chez la Spergule sont
dues à l'extrême abondance de la graine, qui ressemble à

Spergule.

celle du mouron des petits oiseaux. Quant à son nom vulgaire de Spargonte, il est dérivé de cette circonstance que,
à la suite d'une pluie ou seulement d'une forte rosée, chacune des feuilles filiformes de la plante tient en suspen-
sion une goutte d'eau.

On a beaucoup préconisé, il y a quelques années, sous
le nom de Spergule géante, une variété deux ou trois fois

plus grande que l'espèce commune ; on n'a pas tardé à reconnaître que, comme elle fleurit peu et ne porte pas de graines, elle contient en réalité moins de substance nourrissante que la petite espèce, demeurée seule cultivée comme plante fourragère. La Spergule géante est cependant encore quelquefois semée en récolte dérobée, pour être enfouie en qualité d'*engrais végétal*.

ÆGILOPS TRITICOÏDE (*Ægilops triticoïdes*). — Plante annuelle, de la famille des *Graminées*. — Chaume simple, noueux, fistuleux. — Feuilles rubanées, aiguës, engaînantes. — Axe, ou rachis articulé, à dents alternes. — Fleurs en épi terminal simple. — Epillets sessiles sur chaque dent de l'axe, comprenant deux fleurs inférieures hermaphrodites, fertiles, et une fleur supérieure, neutre, stérile. —Lépicène à deux valves bombées, de la même longueur que les glumes. — Glumes formées de deux paillettes inégales. — Trois étamines. — Ovaire surmonté de deux stigmates plumeux. — Fruit ovoïde, sillonné latéralement.

L'*Œgilops triticoïde*, répandu dans tous nos départements méridionaux et dans tout le midi de l'Europe, est une des plus humbles et des moins remarquées parmi les petites graminées dont se compose le gazon des lieux incultes et de la lisière des chemins ; c'est cependant une des plantes les plus remarquables de la famille des Graminées. En premier lieu, bien que son aspect diffère essentiellement de celui du froment cultivé (*triticum sativum*), il en a tous les caractères botaniques avec une si parfaite identité, que la définition qui précède est applicable au froment de point en point, sans y rien changer. Cette coïncidence avait fai supposer à plusieurs botanistes italiens que l'Ægilops triticoïde, très-commun en Sicile sur les plaines fertiles autrefois cultivées de ce pays actuellement en partie inculte, pourrait bien n'être pas autre chose que le froment dégénéré.

Un cultivateur du Var, M. Esprit Fabre, entreprit, il y a

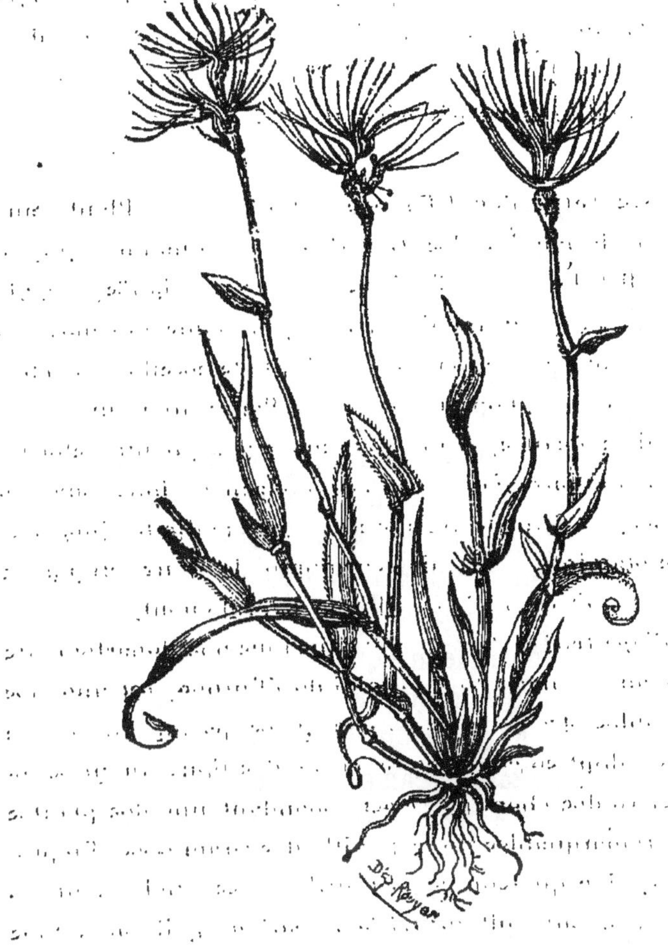

Ægilops.

quelques années, de vérifier le fait, mais en sens contraire. Ayant récolté une quantité suffisante de graines d'Ægilops croissant à l'état sauvage dans ses environs, il les sema dans les conditions ordinaires d'une bonne culture, récolta les semences, et les confia à la terre l'année suivante : ainsi de suite, pendant onze ans, sans interruption. Les changements, quoique réels, furent peu apparents les premières années ; ils devinrent très-prononcés dès le quatrième semis ; la onzième année, la transformation était complète. M. Esprit Fabre pouvait montrer un champ de plusieurs hectares d'un très-beau blé blanc sans barbes, de la variété connue dans le Midi sous le nom de Saissette de Provence, provenant originairement d'un semis de graine d'Œgilops triticoïde répété pendant onze générations.

Faut-il conclure de cette belle et authentique expérience que tout le blé actuellement cultivé pour la nourriture de l'homme est la postérité de l'Ægilops, et que le blé abandonné sans culture, se reproduisant par semis naturel, finit par tourner en Ægilops? On ne peut l'affirmer ; et dans tous les cas, la transformation serait prodigieusement ancienne ; car les grains de blé trouvés dans les coffres renfermant des momies embaumées depuis quarante siècles, ne diffèrent en rien du froment d'aujourd'hui. Le travail entrepris par M. Esprit Fabre n'en est pas moins éminemment curieux; toute personne habitant la campagne, douée d'assez de jeunesse et de persévérance, peut renouveler cette expérience et voir sous ses yeux la plus humble des graminées devenir en onze ans la plante la plus nécessaire à l'alimentation du genre humain, le froment.

LUZERNE CULTIVÉE (*Médicago sativa*). — Plante de la famille des *Légumineuses*, vivace par ses racines. — Calice monophylle, à cinq dents, cylindrique, persistant. — Corolle papilionacée. — Etendard ovale, entier. — Dix étamines. — Ovaire supère, oblong. — Style court. — Stigmate simple.

— Fleurs bleues, en grappes axillaires. — Tiges glabres. — Feuilles ternées.

La Luzerne, originaire de la Médie, dans la haute Asie, est à très-juste titre considérée comme la première des plantes fourragères remontantes. Celle qu'on rencontre à l'état sauvage en Italie, en Espagne et dans le nord de

Luzerne cultivée.

l'Afrique, provient des prairies artificielles autrefois créées dans ces divers pays par les cultivateurs arabes. La culture de la Luzerne pour former des prairies artificielles, aussi durables que productives, n'est réellement avantageuse que dans les pays dont le climat chaud ou tempéré permet à la plante de commencer à végéter de bonne heure au printemps et de remonter jusqu'en automne. Déjà, sous le climat du nord de la France, de même qu'en Belgique, le trèfle et le sainfoin sont, avec raison, préférés à la Luzerne. Dans le Midi, au contraire, la faculté que la Luzerne possède au suprême degré, de braver les plus rudes sécheresses, en fait le plus précieux des fourrages. A part son importance comme plante fourragère, la Luzerne est une plante essentiellement améliorante. Elle forme, en grande partie aux dépens de l'atmosphère, une masse de racines aussi longues et aussi volumineuses que ses tiges en fleurs. Quand une vieille Luzerne est retournée après avoir fait son temps, ses racines, décomposées dans la couche arable, en augmentent la fertilité avec une énergie dont l'effet est sensible pendant plusieurs années. Quand on commet l'imprudence de faire paître les bestiaux dans une jeune Luzerne mouillée par la pluie, ou seulement par la rosée, et qu'on leur en laisse manger à discrétion, les animaux sont exposés à contracter l'espèce de gonflement subit que la médecine vétérinaire désigne sous le nom de météorisation, affection qui peut être mortelle, si les secours intelligents se font attendre.

SAINFOIN (*Hedysarum*). — Plante annuelle ou bisannuelle de la famile des *Légumineuses*. — Calice monophylle quinquéfide. — Corolle papilionacée. — Etendard très-déve loppé. — Carène tronquée. — Dix étamines |diadelphes. — Ovaire supère. — Style subulé. — Stigmate simple.

Le Sainfoin, quoique en général il ne remonte pas, prend son rang comme plante fourragère immédiatement après la Luzerne. Son nom de Sainfoin vient de ce qu'il a été, à juste titre, considéré de tout temps comme le plus salubre des fourrages, soit frais, soit sec. Les bestiaux peuvent le pâturer à discrétion, même lorsqu'il est mouillé ; jamais il ne donne lieu à la météorisation. Le Sainfoin peut prospérer dans les terres peu profondes, médiocrement fertiles, qui n'admettent ni la culture du Trèfle ni celle de la Luzerne; mais c'est à la condition expresse que ces terres contiennent une dose suffisante d'élément calcaire. Là où cet élément fait défaut, on peut y suppléer en répandant sur le sol du plâtre en poudre, à la dose de 300 à 400 kilos par hectare.

On possède une variété de Sainfoin qui remonte une fois seulement, et qui porte pour cette raison le nom de Sainfoin

Sainfoin.

à deux coupes. Ce Sainfoin est généralement préféré par les cultivateurs à la variété qui ne remonte pas.

Plusieurs espèces de Sainfoin à fleurs d'un rouge écarlate sont cultivées dans les parterres comme plantes d'orne-ment; la plus répandue porte le nom de Sainfoin d'Es-pagne.

VESCE D'HIVER (*Vicia sativa*). — Plante bisannuelle de la famille des *Légumineuses*. — Calice tubuleux, quinquéfide. — Corolle papillonacée. — Étendard ovale, échancré, ra-battu sur les côtés. — Ailes droites, oblongues. — Carène onguiculée, bipartie. — Dix étamines diadelphes. — Style filiforme. — Fruit, gousse oblongue, uniloculaire, polysperme. — Tiges droites. — Feuilles composées de douze folioles.

On cultive la Vesce d'hiver pour son fourrage très-abondant et très-nourrissant, et pour son grain, arrondi comme les pois, particulièrement approprié à la nourriture des pigeons. Ces oiseaux, dont le *jabot* est mince et peu résistant, ne peuvent digérer les grains durs et pointus qui souvent les font périr lorsque, faute d'autres aliments, ils se décident à en manger. C'est pourquoi, à l'époque des semailles, jamais les bandes de pigeons ne s'en prennent aux champs d'orge et d'avoine, tandis que dans les champs ensemencés en pois, et même en froment, si l'on ne met pas

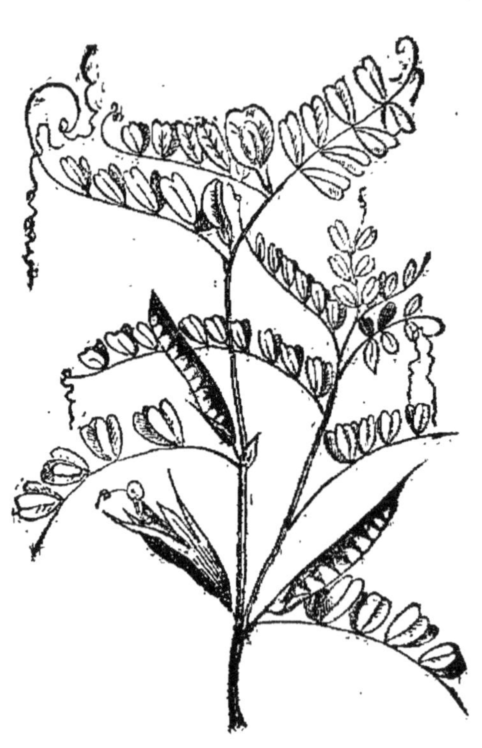

Vesce d'hiver.

obstacle à leur voracité, ils ne laissent rien, de sorte que les semailles sont à recommencer. La prédilection du pigeon pour la Vesce paraît tenir uniquement à la forme de cette graine qu'il avale entière, par conséquent sans la déguster. La Vesce d'hiver semée en automne donne au printemps de l'année suivante une bonne coupe de fourrage vert, ou bien, si on lui permet de suivre le cours entier de sa végétation, une récolte de grain de dix à douze hectolitres à l'hectare. Elle se contente d'un sol léger, médiocrement fertile, tandis que la Vesce annuelle ou de printemps ne réussit que dans les terres fraîches et fertiles, plutôt fortes que légères.

SERRADELLE (*Ornithopus perpusillus*). — Plante annuelle de la famille des *Légumineuses*. — Calice tubulé, à cinq dents presque égales. — Corolle papillonacée. — Étendard en cœur. — Carène très-petite.— Dix étamines diadelphes. — Ovaire supère. —Style sétacé. —Stigmate simple. — Fruit, légume articulé.

La valeur de la Serradelle comme plante fourragère a été longtemps méconnue dans toute l'Europe, à l'exception du Portugal. Les cultivateurs de ce pays avaient remarqué l'extrême rusticité de cette plante qui, dans les terrains les moins fertiles, sur la pente des montagnes, résiste aux plus longues sécheresses ; ils la semaient de toute antiquité, et constituaient ainsi d'excellents pâturages pour nourrir pendant l'été leurs nombreux troupeaux de bêtes à laine. Depuis le commencement de ce siècle, la Serradelle a été mieux appréciée ; sa culture s'est propagée en Europe, spécialement en Belgique, où elle a aidé efficacement au défrichement des terres incultes de la Campine anversoise. Elle donne avec peu ou point d'engrais, dans un sol siliceux très-maigre, une coupe abondante de fourrage qui peut être consommé en vert ou en sec par tous les herbivores domestiques.

La Serradelle est connue dans les campagnes sous son nom vulgaire de pied-d'oiseau, dont son nom botanique (*ornithopus*) n'est que la traduction. Les fleurs naissent ordinairement trois par trois, sur un pédoncule axillaire ; les siliques qui leur succèdent sont articulées comme les doigts des pattes d'un oiseau, et terminées par un appendice représentant assez exactement un ongle ; ces analogies justifient le nom vulgaire de la Serradelle. La principale difficulté de la culture de cette plante, c'est celle d'en récolter la graine. Sa silique renfermant la graine n'est pas, comme celle du pois, composée de deux valves qui s'ouvrent pour laisser s'échapper la graine mûre; celle de la Serradelle n'est qu'une membrane très-mince, fragile, collée à la surface de la semence, dont il n'est pas possible de la détacher. A mesure qu'elle mûrit, elle tombe à terre, et comme elle ne murit pas toute à la même époque, il est difficile d'en recueillir une quantité un peu importante. On tourne en partie la difficulté par le procédé suivant : après avoir semé la graine de Serradelle à la volée, on plante en lignes parallèles,

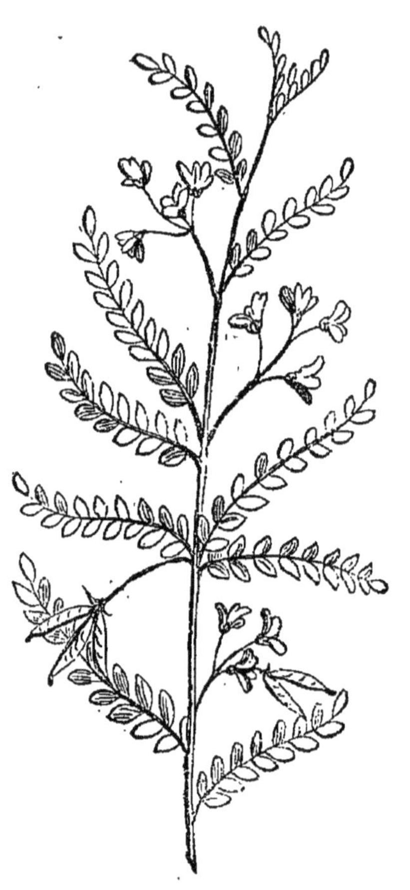

Serradelle.

espacées entre elles de 60 à 70 centimètres, des féveroles qui, dans les terres très-maigres, propres à la culture de la Serradelle, ne s'élèvent pas à une grande hauteur. La Serradelle s'attache aux tiges des féveroles ; ce point d'appui lui permet de fleurir moins inégalement et de mûrir presque toute sa graine à la même époque, de sorte qu'on peut en récolter la plus grande partie, avec la précaution de battre la plante sur place, sur une toile.

LOTIER CORNICULÉ (*Lotus corniculatus*). — Plante à racines vivaces de la famille des *Légumineuses*. — Calice monophylle, tubuleux, à cinq dents. — Corolle papillonacée. — Étendard arrondi. — Ailes ovales. — Carène renflée, acuminée. — Dix étamines diadelphes. — Ovaire supère, cylindrique. — Style montant. — Stigmate incliné. — Fruit, gousse uniloculaire en forme de corne. — Feuilles ternées.

Le Lotier corniculé est une excellente plante fourragère, non pour les prairies à faux courante, mais pour les pâturages élevés; elle résiste très-bien aux plus longues sécheresses, et contient, sous un petit

Lotier corniculé.

volume, beaucoup de substance nutritive. C'est aussi, en raison du nombre et de l'élégance de ses bouquets de fleurs d'un jaune vif, une plante d'ornement, très-propre à émailler les gazons dans les jardins paysagers. Le Lotier corniculé doit en partie ses propriétés nourrissantes à l'abondance de sa graine, particulièrement recherchée des bêtes ovines.

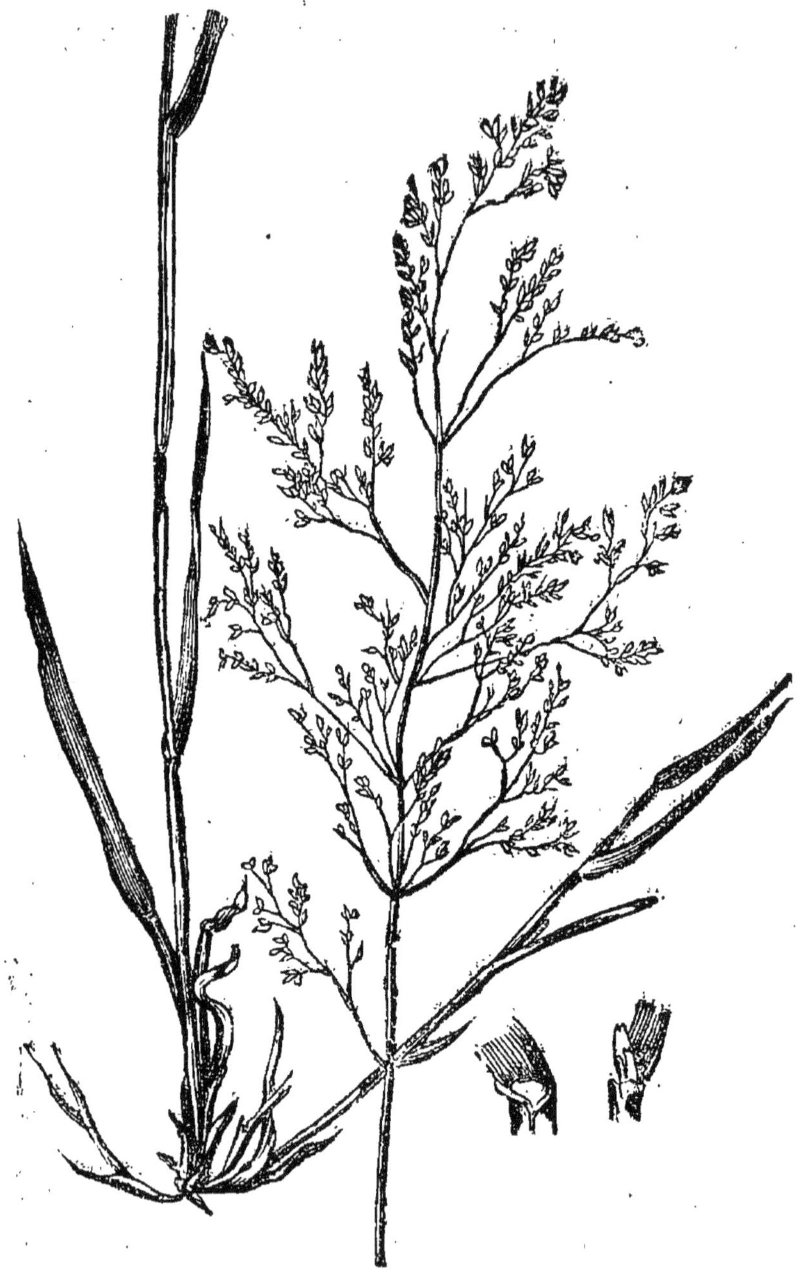

Agrostide vulgaire.

AGROSTIDE (*Agrostis vulgaris*). — Plante vivace de la famille des *Graminées*. — Fleurs en panicule. — Épillets uniflores. — Lépicène à deux valves. — Trois étamines. — Ovaire surmonté de deux stigmates.

Quoique l'Agrostide, que les Anglais nomment *fiorin*, ne mérite pas l'enthousiasme dont il est l'objet dans la Grande-Bretagne, où il est regardé comme la première de toutes les graminées fourragères, il donne un très-bon foin, recherché de tous les bestiaux, en raison de la saveur sensiblement sucrée qu'il possède, surtout à l'état frais. En France, on ne le cultive pas seul, mais on reconnaît qu'il donne de la qualité au foin des prairies naturelles, dans lesquelles il abonde. Il se contente des terrains maigres et secs, où il entre de très-bonne heure en végétation au printemps. Une autre espèce d'Agrostide nommée *stolonifère*, parce qu'elle se propage dans tous les sens par ses tiges traçantes ou *stolons*, peut être avec avantage multipliée dans les terrains humides et marécageux dont elle s'empare, en étouffant les mauvaises graminées qui croissent naturellement sur ces terrains. Les caractères botaniques des deux Agrostides sont les mêmes, et elles possèdent comme plantes fourragères les mêmes propriétés.

VULPIN DES PRÉS (*Alopecurus pratensis*). — Plante vivace de la famille des *Graminées*. — Calice glumacé, uniflore, à deux valves inégales. — Trois étamines. — Anthères fourchues.— Ovaire supère.— Styles capillaires.—Stigmate velu. —Graine revêtue de la corolle persistante. — Fleurs en epi cylindrique terminal. — Chancre droit. — Feuilles linéaires. — Racines fibreuses.

Le Vulpin est une des graminées les meilleures et les plus nourrissantes de toutes celles qui peuplent nos prairies naturelles : c'est aussi une de celles que tous les bestiaux mangent avec le plus de plaisir. En Angleterre on le

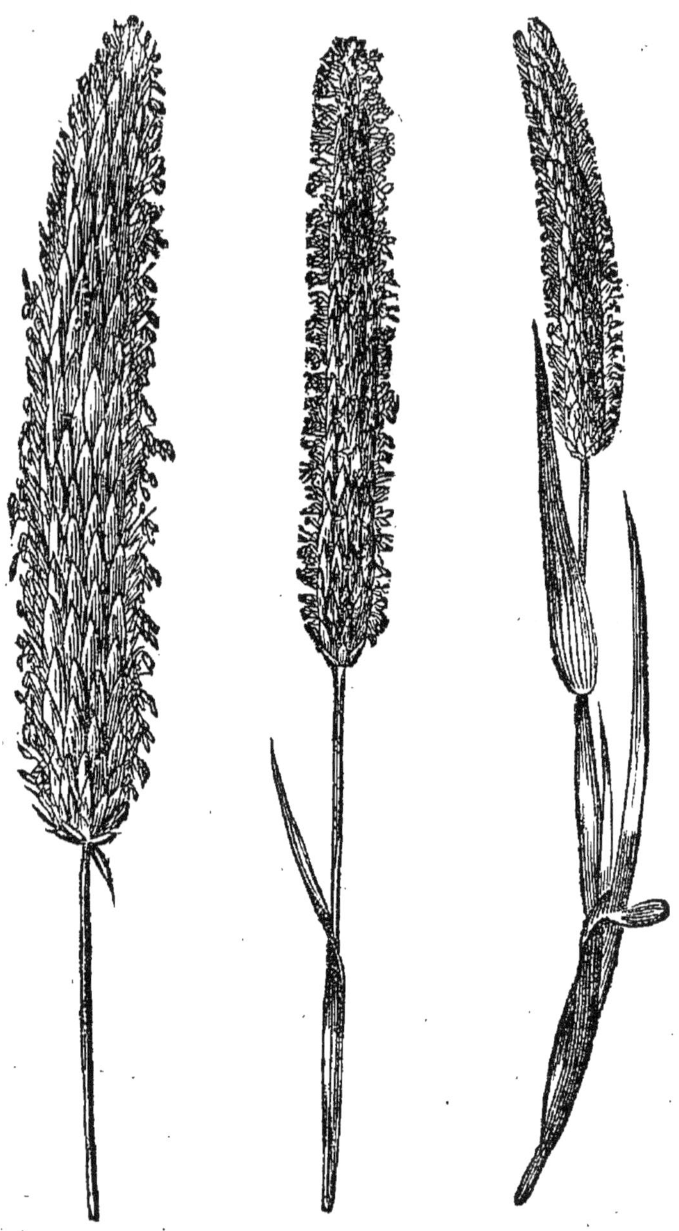

Vulpin des prés.   Vulpin genouillé.   Vulpin fauve.

13.

sème seul, et il forme d'excellentes prairies ; mais il ne réussit que dans les terrains profonds, frais sans excès d'humidité, et d'une fertilité exceptionnelle. Dans les conditions ordinaires des prairies naturelles, on peut avec avantage répandre la graine de Vulpin, associée par moitié à celle des autres bonnes graminées, d'un tempérament plus rustique que le sien. Les prairies naturelles contiennent habituellement, outre le Vulpin des prés, deux autres Vulpins, le Vulpin genouillé et le Vulpin fauve, tous deux très-inférieurs, comme fourrage, au Vulpin des prés, bien qu'ils appartiennent à la série des bonnes graminées. Ils sont, du reste, faciles à dis-

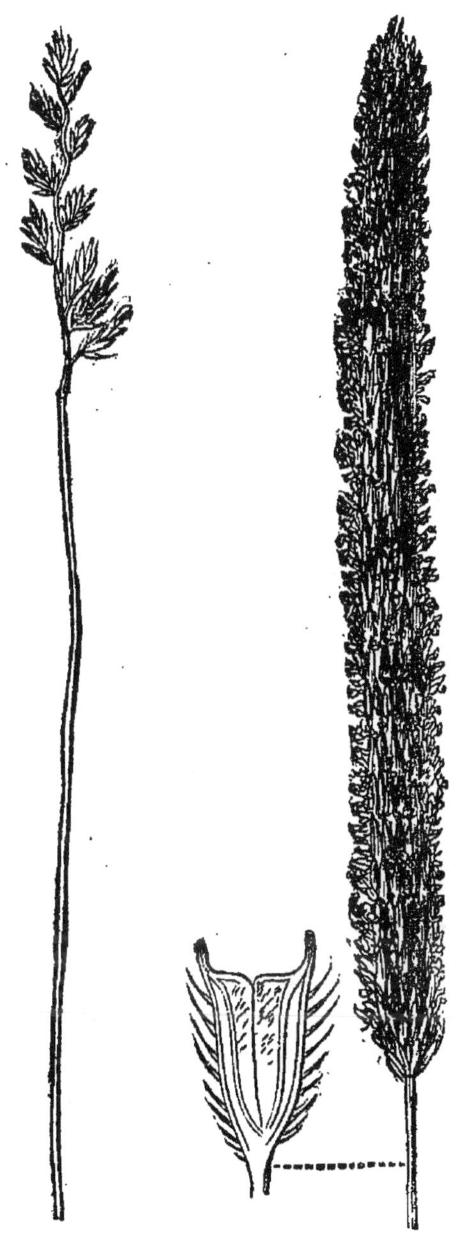

Fétuque à feuilles étroites. Fléole des prés.

tinguer à la forme plus resserrée et aux dimensions moindres de leurs épis cylindriques.

FLÉOLE DES PRÉS (*Phleum pratense*). — Plante vivace de la famille des *Graminées*. — Lépicène à valves naviculaires, tronquées au sommet. — Nervure médiane sétiforme, prolongée en pointe. — Paillettes hypogynes lancéolées, aiguës. — Trois étamines. — Style à deux branches. — Caryople libre, terminé par deux pointes.

La Fléole des prés est à très-juste titre considérée comme l'une des bonnes graminées de nos prairies naturelles; mais ses propriétés utiles sont compensées par un grave défaut; sa végétation est essentiellement capricieuse; tantôt elle donne un foin abondant et substantiel, tantôt, sans cause connue, elle pousse comme à regret, et son fourrage est à peine assez long pour pouvoir être fauché. Les Anglais font grand cas de la Fléole; ils en récoltent la graine pour la semer isolément et en constituer des prairies d'une grande étendue. Mais le sol et le climat de la Grande-Bretagne sont à peu près partout très-favorables à la végétation de la Fléole. En France, il ne faut la propager que dans les localités où l'expérience a démontré qu'elle peut donner de bons produits.

FÉTUQUE DURETTE (*Festuca erecta*). — Plante vivace de la famille des *Graminées*. — Fleurs en panicule. — Pédicelles renflés au sommet. — Épillets contenant de douze à quinze fleurs. — Lépicènes à deux valves inégales. — Trois étamines. — Deux stigmates velus. — Fruit marqué d'un sillon longitudinal.

La Fétuque durette est presque la seule de ce genre qui convienne aux prairies naturelles à faux courante. Son foin, quoique un peu dur, comme l'indique son surnom,

Fétuque durette.

est de bonne qualité, et la plante prend assez de développement pour ne pas trop diminuer en poids et en volume le rendement en foin des prés où elle abonde. Les autres espèces du genre fétuque, spécialement la Fétuque ovine ou Fétuque des brebis, n'est bonne que pour garnir les pâturages parcourus par les bêtes à laine ; elles ne donnent en général qu'une herbe trop courte pour être fauchée.

BROME DRESSÉ (*Bromus erectus*). — Plante vivace de la famille des *Graminées*. — Fleurs disposées en panicule. — Lépicène bivalve, multiflore. — Glume à deux valves, dont l'inférieure est bifide. — Fruit couvert par les écailles intérieures.

Plusieurs graminées du genre brome font partie de nos prairies naturelles; il est facile de les distinguer parmi les autres graminées, à cause d'un caractère qui leur est commun; leurs fleurs sont généralement disposées en longs épillets dont la pointe est inclinée vers le sol, et dont chacun est comme suspendu à un mince filament. Le Brome dressé seul fait exception ; son chaume est droit, et ses épillets, portés sur des pédoncules courts, ne se penchent point vers la terre à l'époque de la maturité des graines. Le fourrage du Brome dressé est un de ceux qui perdent le moins de leur poids par la dessiccation, et qui contiennent le plus de principes alimentaires pour les bestiaux.

AVOINE JAUNATRE (*Avena flava*). — Plante annuelle de la famille des *Graminées*.--Lépicène bivalve, renfermant de trois à cinq fleurs. — Glume portant une arête tordue en spirale. —Trois étamines.—Deux styles.—Graines velues à leur base.

Plusieurs plantes du genre avoine, fort différentes des diverses Avoines cultivées pour la production de leur grain, font partie des bonnes graminées dont se compose le foin des prairies naturelles. Parmi ces plantes, l'Avoine jaunâtre

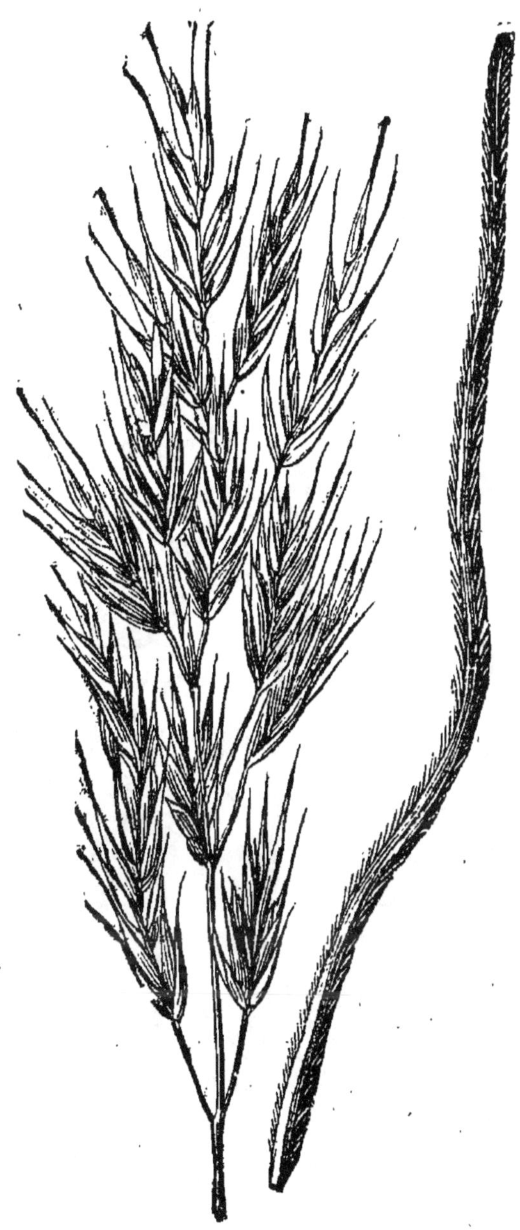

Brôme dressé.

Avoine jaunâtre.

est réputée la meilleure, parce que c'est en effet celle qui perd le moins de son poids par la dessiccation, en passant de l'état de fourrage frais à celui de foin sec. On ne sème jamais isolément en France l'Avoine jaunâtre, non plus que les autres avoines sauvages, pour en constituer des prairies artificielles ; mais il est souvent avantageux de répandre au printemps 25 à 30 kilogrammes par hectare de graine d'Avoine jaunâtre sur les prairies naturelles, pour améliorer la qualité de leur foin, quand elles sont envahies par des graminées de qualité inférieure.

Fausse avoine (*Arenatherum*). — Plante annuelle de la famille des *Graminées*. — Lépicène bivalve, renfermant deux fleurs au moins. — Glume portant une arête tordue en spirale. — Trois étamines. — Deux styles.

Il ne faut pas confondre avec les différentes espèces d'avoines fourragères la Fausse Avoine, qui, sous le nom d'*arénathère*, constitue un genre à part dans la grande famille des Graminées. La Fausse Avoine possède à peu près les mêmes propriétés que les avoines véritables. L'Arénathère se recommande en outre par une qualité précieuse ; elle peut prospérer dans les terres siliceuses légères les moins fertiles, où la plupart des bonnes graminées fourragères ne sauraient végéter. C'est pourquoi, bien que son foin ne soit que de seconde qualité, elle mérite d'être propagée dans les localités où, sans elle et quelques autres plantes du même tempérament, on manquerait de fourrage.

Flouve odorante (*Anthoxanthum odoratum*). — Plante vivace de la famille des *Graminées*. — Fleurs en panicule spiciforme. — Épillets à trois fleurs. — Lépicène à trois valves membraneuses. — Glume formée de deux paillettes. — Deux étamines. — Deux styles. — Deux stigmates plumeux, très-allongés.

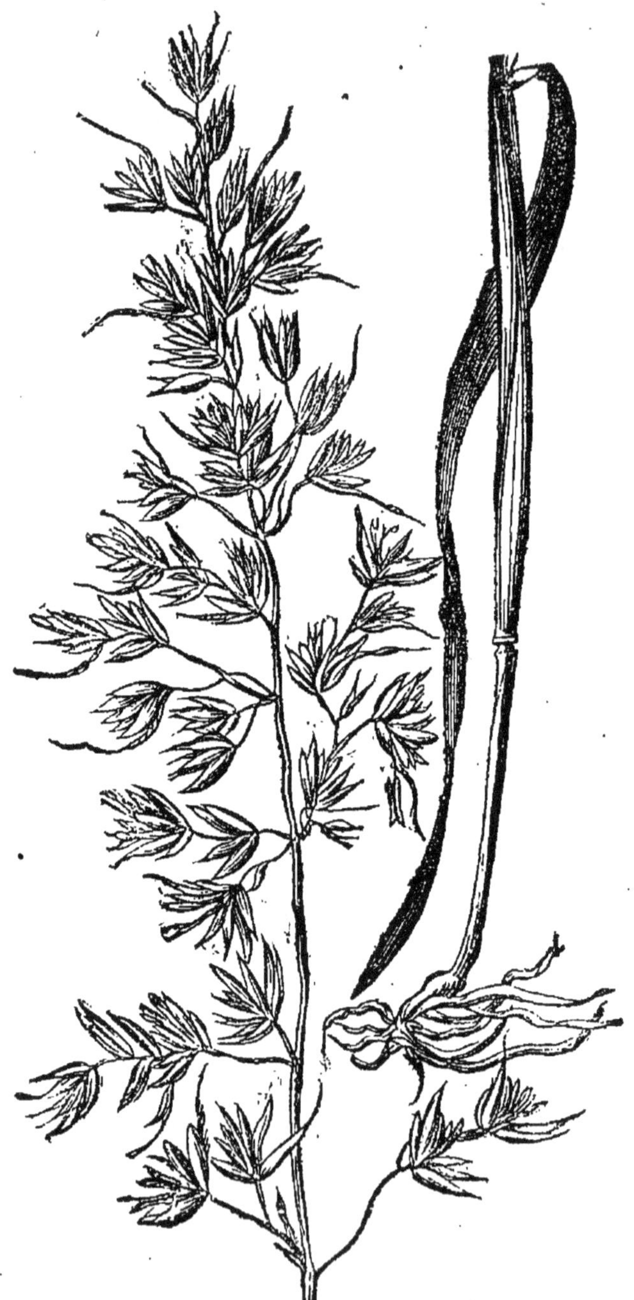

Fausse Avoine

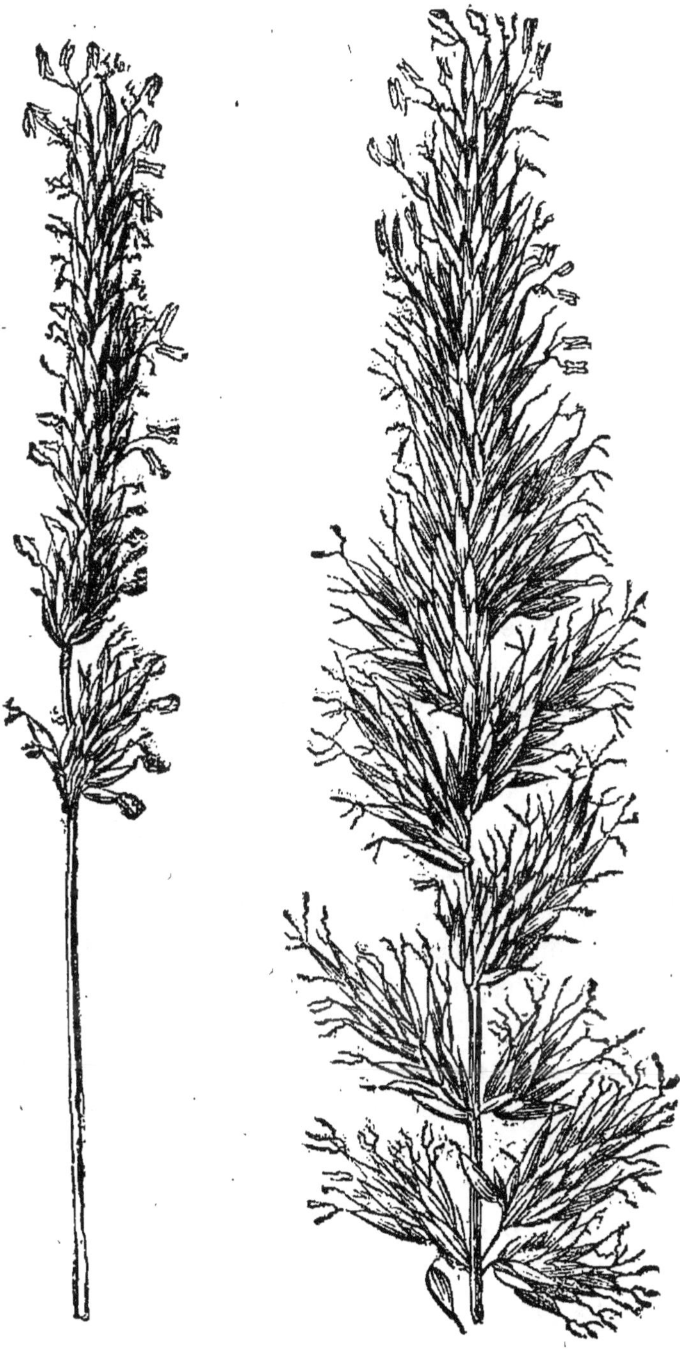

Flouve odorante.   Flouve géante.

C'est la Flouve odorante, dont le parfum très-prononcé se développe par la dessiccation, qui donne au foin des prairies naturelles cette bonne odeur particulière au foin récemment coupé. La Flouve odorante, considérée isolément, est une plante peu développée, dont les propriétés nourrissantes n'ont sur celles des autres graminées aucune supériorité ; elle se recommande uniquement par son parfum ; mais, au point de vue pratique, cette qualité est très-importante. Elle rend le foin acceptable pour les bestiaux, même quand il se compose de graminées médiocres, pourvu que la Flouve odorante s'y trouve mêlée en suffisante proportion. Ce n'est pas, comme on pourrait le croire, affaire de gastronomie de la part des animaux herbivores domestiques ; c'est un instinct naturel qui les avertit que de l'herbe grossière associée à une petite quantité de Flouve odorante se digère aussi bien que du foin de première qualité, et leur profite tout autant quant à leur alimentation. Dans les prairies naturelles où la Flouve odorante est rare, et dont pour cette raison le foin n'est pas assez parfumé, il est utile de répandre au printemps quelques kilogrammes de graine de Flouve odorante ; la qualité du foin s'en trouve immédiatement améliorée.

On désigne sous le nom de *Flouve géante* une espèce plus développée que l'espèce commune et douée à peu près des mêmes propriétés, mais d'une odeur moins délicate.

RAY-GRASS D'ITALIE (*Lolium Italicum*). — Plante vivace de la famille des *Graminées*. — Épillets distiques, multiflores, pareils à l'axe de l'épi. — Lépicène univalve. — Ovaire surmonté de deux stigmates plumeux. — Caryople convexe d'un côté, sillonnée de l'autre.

Le Ray-Grass d'Italie, dont le vrai nom est Ivraie d'Italie, est une des plus nourrissantes parmi les graminées fourragères, soit à l'état frais, soit comme fourrage sec ; ce four-

Ray-Grass d'Italie.

rage convient particulièrement aux chevaux. La culture du Ray-Grass d'Italie serait beaucoup plus répandue en France qu'elle ne l'est en effet, si elle n'exigeait une profusion d'engrais qu'il n'est pas partout possible de lui accorder, et sans lequel elle ne donne que de maigres produits. Dans les terrains qui peuvent être largement irrigués avec l'eau des égouts des villes, c'est la meilleure plante fourragère dont on puisse former des prairies artificielles. Pourvu qu'on ait soin de ne pas attendre qu'il ait fleuri et porté graine, le Ray-Grass d'Italie peut donner quatre coupes abondantes dans le courant de la belle saison.

RAY-GRASS D'ANGLETERRE (*Lolium perenne*). — Plante vivace de la famille des *Graminées*. — Caractères botaniques semblables de point en point à ceux du Ray-Grass d'Italie. (Voyez *Ray-Grass d'Italie*.)

Le Ray-Grass d'Angleterre, un peu moins remontant et beaucoup moins nourrissant que le Ray-Grass d'Italie, est cependant une très-bonne plante fourragère. Semé clair dans un sol frais et fertile, il donne deux coupes d'un fourrage très-salubre, recherché de tous les bestiaux. Cette plante est en outre, sous le nom de gazon anglais, cultivée dans les jardins paysagers comme plante d'ornement. Pour qu'elle donne ces beaux tapis verts qu'elle seule peut donner, il faut la faucher assez souvent pour qu'elle ne fleurisse pas, et entretenir sa fraîcheur par de fréquents arrosages. Quand on l'emploie comme gazon, le Ray-Grass d'Angleterre doit être semé à raison de 90 à 100 kilogrammes de graine par hectare.

MOUTARDE NOIRE (*Mélanosinapis*). — Plante annuelle, de la famille des *Crucifères*. — Calice à quatre sépales étalés. — Quatre pétales à limbe obovale. — Quatre étamines à filets libres. — Fruit, silique bivalve, biloculaire. — Graine noire.

Ray-Grass d'Angleterre.

Personne n'ignore les usages de la Moutarde préparée avec la graine de la Moutarde noire, et délayée avec une petite quantité de vinaigre ; celle qu'on prépare à Dijon jouit d'une réputation européenne· c'est un des assaison-

Moutarde.

nements le plus généralement usités. La farine de graine de moutarde est très-fréquemment employée en médecine, pour préparer des cataplasmes rubéfiants bien connus sous le nom de *sinapismes*.

Une variété de Moutarde à graine blanche, plus volumineuse que la graine de la Moutarde noire, est fort estimée d'un nombre prodigieux de malades plus ou moins imaginaires. Cette graine guérit parfaitement les maladies qu'on n'a pas ; elle est particulièrement avantageuse à ceux qui la vendent.

ANÉMONE PULSATILLE (*Anemone pulsatilla*). — Plante vi-

Anémone pulsatille.

vace par ses racines, de la famille des *Renonculacées*. — Calice coloré, bleu violacé, remplaçant la corolle. — Cinq sépales réguliers très-développés. — Corolle absente. — Étamines nombreuses. — Fruits terminés par une longue queue barbue. — Racine tuberculeuse vivace.

L'Anémone pulsatille a joui longtemps d'une grande réputation comme plante médicinale, à laquelle on attribuait des propriétés spéciales pour combattre les affections du cœur et diverses autres maladies. De nos jours, la médecine ordinaire a renoncé à l'emploi de la Pulsatille; mais la médecine homœopathique emploie les globules de Pulsatilles qui, s'ils ne font pas de bien aux malades, ont l'incontestable avantage de ne pouvoir leur faire aucun mal.

La Pulsatille, ainsi que plusieurs autres espèces du genre Anémone, est admise dans les parterres comme plante d'ornement. Ses racines tuberculeuses, que les jardiniers nomment *griffes*, sont enlevées de terre tous les ans, conservées dans un lieu sec à l'abri de la gelée, et replantées de bonne heure au printemps, en pleine terre; elles y fleurissent abondamment dans le courant du mois de mai.

GRAND PLANTAIN (*Plantago major*). — Plante vivace, de la famille des *Plantaginées*. — Tige absente. — feuilles étalées, toutes radicales. — Hampe, ou tige florale portant un épi terminal sur les trois quarts de sa longueur. — Fleurs très-petites, hermaphrodites, excessivement nombreuses, sessiles. — Calice à quatre sépales. — Corolle monopétale, tubuleuse, à cinq divisions. — Quatre étamines très-saillantes. — Stigmate simple, subulé.

On connaît dans les campagnes le Grand Plantain sous le nom d'Herbe aux cinq raies, à cause des cinq nervures longitudinales qui donnent à ses feuilles une physionomie particulière. Les feuilles du Grand Plantain sont fréquemment employées en cataplasme émollient contre les clous et les plaies enflammées provenant d'écorchures ou de fortes contusions. Jusque dans les premières années de ce siècle, l'eau distillée de Plantain a passé pour un remède efficace contre les inflammations légères de l'œil et le gon-

Plantain.

flement des paupières ; aujourd'hui, l'on ne distille plus les feuilles du Plantain, dont on sait que l'eau distillée ne possède pas d'autre propriété que celle de l'eau fraîche

pure. La graine très-abondante du Grand Plantain convient
particulièrement comme aliment rafraîchisant aux serins,
pinsons, bouvreuils, linottes, chardonnerets, élevés en
cage en leur qualité d'oiseaux chanteurs. En Belgique et
dans tout le nord de la France, on extirpe par des sau-
lages soignés donnés aux jeunes prairies artificielles de
trèfle une autre variété de Plantain, le Plantain lancéolé,

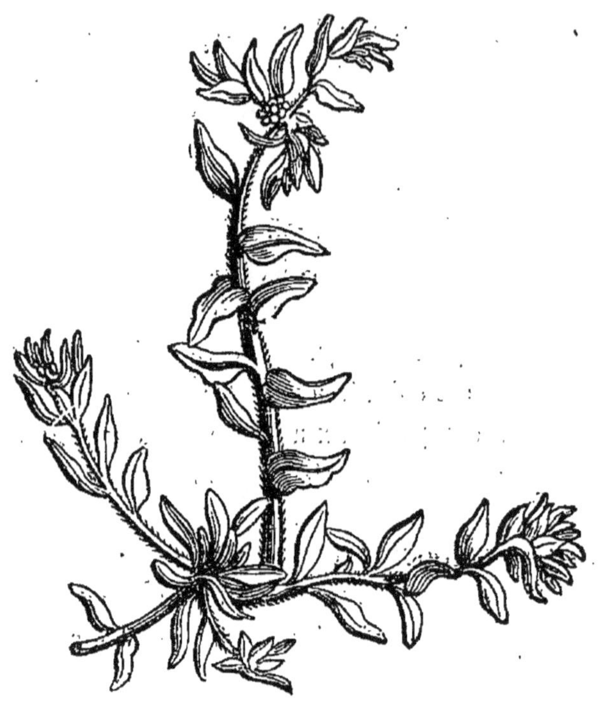

Orcanette.

considéré comme nuisible à la qualité du fourrage de ces
prairies; en effet, le Plantain lancéolé, soit sec, soit frais,
s'il ne peut nuire directement aux bestiaux, les purge et
ne les nourrit pas.

ORCANETTE ou GRÉMIL TINCTORIAL (*Lithospermum tincto-*

rium).— Plante annuelle par ses tiges, vivace par ses racines, de la famille des *Borraginées.* —Caractères botaniques semblables à ceux du Grémil officinal. (Voyez *Grémil officinal.*) Feuilles oblongues, sessiles. — Fleurs bleues ou violettes, en épi unilatéral.

L'Orcanette croît à l'état sauvage dans toute l'Europe méridionale. On la recherche à cause du principe colorant rouge contenu dans sa racine, qui tient une certaine place dans le commerce de la droguerie ; néanmoins, elle est assez abondante à l'état sauvage pour qu'il ne soit nulle part nécessaire de la cultiver. La couleur rouge fournie par la racine de l'Orcanette n'est ni fixe ni très-fine ; mais la substance qui la fournit est dépourvue de toute saveur, et complétement inoffensive ; elle est également soluble dans l'alcool et dans les corps gras ; c'est pourquoi le rouge d'Orcanette est particulièrement à l'usage des confiseurs et des parfumeurs. La pommade à la rose, d'un usage général, est colorée avec l'Orcanette. Un autre mérite de ce rouge, comparé aux autres substances colorantes de même nuance, c'est son extrême bon marché.

Roseau aromatique (*Acorus calamus*). — Plante vivace, de la famille des *Aroïdées.* — Calice globuleux à six divisions profondes. — Six étamines. — Ovaire globuleux à trois loges. — Fleurs hermaphrodites en épis sucrés. — Racine blanche, aromatique. — Tige foliacée.

L'Acore, ou Roseau aromatique, n'a pour ainsi dire rien de commun avec le Roseau véritable (*Arundo donax*). Sa tige a la forme d'une feuille du milieu de laquelle sort l'épi des fleurs. Toute la plante, mais particulièrement la racine, contient un principe aromatique d'une odeur agréable. C'est avec la racine du Roseau aromatique que les distillateurs de Danzig donnent à leur eau-de-vie de grains l'odeur et la saveur.qui la font rechercher des consommateurs de boissons spiritueuses. La racine de cette

Roseau aromatique.

plante a été longtemps un des médicaments les plus usités; elle faisait partie d'une foule de remèdes très-composés qui sont, de nos jours, passés à l'état de souvenir.

EUPHRAISE OFFICINALE (*Euphrasia officinalis*). — Plante annuelle, de la famille des *Scrofulariées*. — Tige droite, courte, rameuse. — Calice à quatre lobes. — Corolle à deux lèvres, fond blanc, tachée de jaune et rayée de violet. — Étamines didynames. — Style aussi long que les étamines,

— Stigmate globuleux. — Fruit, capsule ovoïde comprimée, à deux loges polyspermes.

Cette jolie plante, qui doit à la grâce particulière de ses

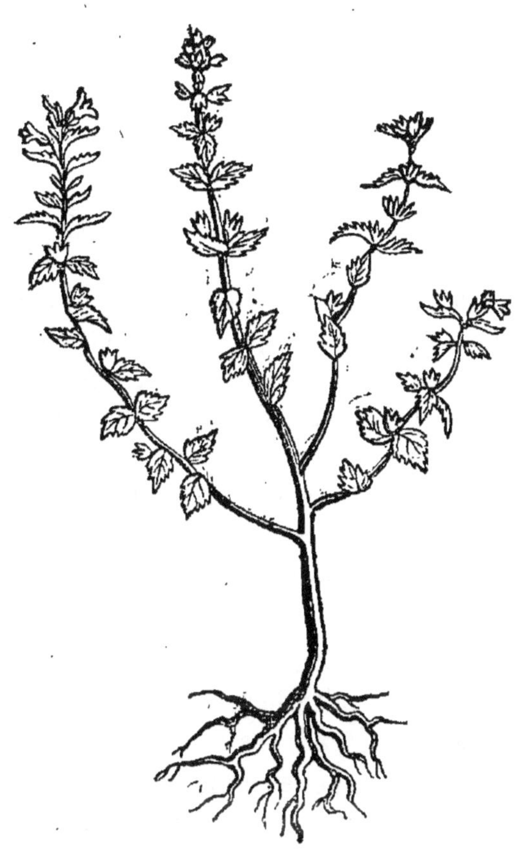

Euphraise officinale.

fleurs son nom grec (*Euphrasia, bonne grâce*), est une de celles auxquelles les botanistes ont conservé le surnom d'officinale, bien qu'on ne la trouve plus dans les officines des pharmaciens, attendu que les médecins ont cessé depuis près d'un siècle d'en prescrire l'emploi. L'infusion froide des sommités fleuries de l'Euphraise a joui longtemps d'une grande réputation comme remède contre toutes les maladies des yeux; on peut encore, dans la médecine familière, s'en servir utilement pour dissiper la rougeur de l'œil et le gonflement de la paupière, à la suite de veilles laborieuses trop prolongées.

L'Euphraise officinale est une plante parasite, dont la racine ne peut vivre qu'aux dépens de celle de diverses plantes appartenant à la famille des Graminées. Cette particularité étant restée longtemps ignorée, on avait tenté, toujours sans succès, de semer la graine d'Euphraise pour lui faire occuper sa place dans les jardins consacrés à l'étude de la botanique. Ce n'est que de nos jours qu'on a reconnu qu'en effet cette graine, dans un terrain nu, ne germe pas, quelle que soit la qualité du sol; il lui faut, pour lever, le voisinage des racines de quelque autre plante auxquelles elle puisse s'attacher pour vivre à leurs dépens.

BETTE OU POIRÉE COMMUNE (*Beta vulgaris*). — Plante annuelle, de la famille des *Chénopodées*. — Fleurs toutes hermaphrodites. — Calice à cinq divisions profondes. — Cinq étamines.—Ovaire déprimé, surmonté de deux ou trois stigmates sessiles.

Les feuilles de la Bette commune, lissés et luisantes sur leur surface supérieure, sont employées comme les feuilles de Lierre pour le pansement des cautères. Dans l'usage alimentaire, les feuilles de Bette sont fréquemment associées à l'Oseille pour diminuer l'excès d'acidité de celle-ci. Une variété de Bette porte le nom de Carde-Poirée. Les côtes des feuilles de cette variété sont grosses, presque cylindriques, blanches et dépourvues de saveur. On les fait cuire après es avoir séparées des feuilles; elles sont mangées comme

les asperges, avec divers assaisonnements. Ce mets, d'ailleurs
peu utile, ne possède par lui-même aucune propriété
alimentaire; de même que les épinards, il ne fournit à l'é-
conomie animale aucune substance assimilable.

Bette ou Poirée commune.

AIGREMOINE EUPATOIRE (*Agrimonia eupatoria*). —
Plante vivace de la famille des *Rosacées*. — Calice tubuleux, renflé, hérissé de folioles aiguës roides. — Corolle
régulière à cinq pétales jaune clair. — Tige dressée. —

Feuilles alternes, imparipennées. — Fleurs en long épi
terminal. — Quatorze à vingt étamines. — Deux pistils
peu apparents.

Aigremoine.

L'Aigremoine eupatoire, ou Aigremoine vulgaire, est,

comme tant d'autres plantes autrefois prônées outre mesure pour leurs vertus médicales, délaissée par la médecine moderne. L'infusion de ses sommités fleuries employée en gargarisme, en mélange avec l'Oxymal simple, soulage efficacement les maux de gorge, surtout à leur début. Pour faire provision d'Aigremoine, il ne faut cueillir que la portion de la tige qui porte des fleurs, et avoir soin de la récolter quand une bonne moitié des fleurs est épanouie, avant la formation des graines. L'infusion d'Aigremoine édulcorée avec du miel, peut aussi être opposée avec succès aux maux de gorge sans gravité, qui ne nécessitent pas l'intervention du médecin.

Asclépiade.

ASCLÉPIA DE DOMPTE-VENIN (*Asclepias vince-toxicum*). — Plante vivace de la famille des *Asclépiadées*. — Calice monosépale à cinq divisions. — Corolle rosacée, monopétale, à cinq lobes. — Masse pollinique tenant lieu d'étamines proprement dites. — Organes reproducteurs analogues à ceux des plantes de la famille des Orchidées. — Ovaire uniloculaire. — Graine munie d'une aigrette soyeuse, partant de sa base.

Malgré le nom honorable de Dompte-venin donné à l'Asclépiade par la médecine antique et par celle du moyen âge, qui en avaient fait la base de diverses préparations pharmaceutiques longtemps en grande réputation, c'est une plante suspecte, dont l'action sur l'économie humaine ressemble plus à celle d'un poison qu'à celle d'un médicament. On la mentionne ici parce que, dans les campagnes, elle fait partie de divers remèdes dits de bonne femme, dont il importe de se méfier. L'Asclépiade Dompte-venin ne doit être admise à aucun titre dans la médecine familière.

BÉTOINE OFFICINALE (*Betonica officinalis*). — Plante vivace, de la famille des *Labiées*. —Tige carrée, dressée, simple. — Calice à cinq dents épineuses. —Corolle labiée, à tube arqué. — Étamines didynames. —Graine nue.

Peu de plantes ont joui plus longtemps que la Bétoine d'une grande et universelle réputation comme remède spécifique contre une foule de maladies ; elle est, depuis près d'un siècle, complétement délaissée. Ce n'est pas, comme beaucoup d'autres, une plante inerte, sans action sensible sur l'économie animale. Sa racine séchée et pulvérisée est un vomitif très-énergique chez les uns, très-faible ou presque nul chez les autres ; c'est par conséquent un médicament infidèle, sur l'action duquel

Bétoine.

ia médecine ne peut pas compter, ce qui justifie suffisamment son abandon. La tige, les fleurs et les feuilles séchées et pulvérisées sont un sternutatoire violent, dont l'emploi peut donner lieu à des hémorrhagies difficiles à arrêter. Néanmoins, sous ce dernier rapport, la poudre de Bétoine ajoutée au tabac en petite quantité, peut en provoquant l'éternument, soulager les maux de tête que l'usage du tabac seul ne suffit pas pour dissiper.

Une très-belle espèce de Bétoine à grandes fleurs, originaire d'Asie, est cultivée dans nos parterres, comme plante d'ornement.

MÉNYANTHE (*Menyanthes trifoliata*). — Plante aquatique vivace de la famille des *Gentianées*. — Souche herbacée horizontale, articulée, cylindrique. — Fibres radicales blanchâtres. — Feuilles à longs pétioles, à trois folioles ovales glabres. — Fleurs blanches, teintées de rose. — Calice à cinq divisions profondes. — Corolle infundibuliforme. — Cinq étamines saillantes. — Ovaire globuleux. — Stigmate en tête à deux loges.

Le *Ményanthe*, ou *Trèfle d'eau*, jadis très-usité dans l'ancienne médecine, qui lui attribuait une multitude de propriétés, est délaissé complétement par la médecine moderne. C'est une plante d'une amertume franche ; prise en poudre à la dose de 5 décigrammes, elle purge légèrement, sans coliques ; on peut s'en servir avec avantage contre les maux de tête, l'asthme, la jaunisse et les affections vermineuses des enfants. Les bains d'infusion de Ményanthe sont utiles contre toutes les maladies de la peau.

La racine de Ményanthe est quelquefois usitée en Angleterre à la place du houblon, dans la préparation de la bière ; elle est, pour cet usage, de beaucoup préférable aux feuilles de buis. La même racine possède à un degré remarquable la propriété de favoriser l'engraissement des bestiaux, spécialement celui des bêtes ovines. Si cette propriété, utilisée dans quelques cantons seulement, était plus généralement connue, rien ne serait plus facile que de faire, croître le Ményanthe en quantités illimitées sur les bords des eaux tranquilles, et de l'employer en grand pour engraisser très économiquement les moutons.

Ményanthe.

Considéré comme plante d'ornement, le Ményanthe; par la grâce et le coloris délicat de ses fleurs roses et blanches, est au premier rang des plantes aquatiques qui peuvent décorer les bords des pièces d'eau dans les jardins paysagers.

———

CONCLUSION.

—

En limitant aux plantes dont la connaissance offre le plus d'intérêt, un traité spécialement destiné à une classe de lecteurs qui a très-peu de loisirs, on s'est appliqué à en simplifier l'étude autant que possible. Le désir de l'auteur, c'est qu'à la rencontre d'une plante à lui inconnue, le lecteur trouve son nom rien qu'en la comparant avec les figures du livre, et qu'il soit suffisamment renseigné sur ses propriétés, soit nuisibles, soit utiles. Les notions qu'on peut y puiser peuvent suffire pour que chacun, selon ses moyens, extirpe les plantes dangereuses pour l'homme et pour les animaux domestiques, et fasse en temps utile provision de celles qui peuvent lui servir, soit pour lui, soit pour les autres ; cela seul est un moyen de lier et d'entretenir de bonnes relations avec des voisins qui, d'indifférents qu'ils étaient, deviennent des amis. D'un point de vue plus large, l'homme, dont la vie doit s'écouler loin des villes, ne peut se trouver réellement heureux à la campagne que s'il prend intérêt à la végétation qu'il voit chaque année se développer autour de lui ; pour s'attacher aux plantes, il faut les connaître ; c'est ce que le livre de la *Connaissance des plantes usuelles* met à la portée de tout le monde.

CONNAISSANCE

DES

INSECTES LES PLUS NUISIBLES

AUX PRODUITS DES CHAMPS ET DES JARDINS

AVANT-PROPOS

On a dit avec vérité que, si un seul des insectes qui pullulent à la surface de notre planète pouvait multiplier sans obstacle, la terre serait inhabitable. En effet, le monde des insectes, lorsqu'on l'observe avec quelque attention, nous étonne surtout par sa prodigieuse fécondité. Il n'y a pas, par exemple, de chiffre capable d'exprimer le nombre des pucerons verts qui envahissent un champ de colza, ou des pucerons noirs qui couvrent un champ de fèves, et cela, du jour au lendemain. Il en est de même des chenilles qui dépouillent souvent de tout leur feuillage des forêts entières d'une immense étendue. D'autres, tels que le hanneton, nous frappent de surprise par les métamorphoses qu'ils subissent avant de parvenir à l'état d'insectes parfaits. La connaissance des faits de l'histoire naturelle des insectes n'est pas seulement pour les cultivateurs un objet de simple curiosité ; ce sont des ennemis qu'il lui importe de connaître à fond sous toutes leurs formes, pour pouvoir se mettre en défense contre eux.

Le mot *insecte* dérive d'un mot latin qui signifie coupé en deux ; le plus grand nombre des insectes est en effet composé de deux parties distinctes, l'une antérieure nommée *corselet*, à laquelle tiennent la tête, les pattes et les ailes (quand l'insecte est ailé) ; l'autre postérieure nommée abdomen, renfermant les organes digestifs, l'appareil reproducteur, et de plus, chez les femelles, les œufs. La plupart des insectes ne sont pas, en sortant de l'œuf qui leur a donné naissance, tout ce qu'ils doivent être plus tard, bien qu'ils offrent les apparences d'animaux complets, doués assez souvent d'une dose remarquable d'instinct. Dans cet état intermédiaire, les insectes sont nommés *larves*; quelques larves portent le nom spécial de *chenilles*; elles sont caractérisées par leurs pattes dont les autres larves de la même forme sont dépourvues. Ces dernières, dans le langage vulgaire, sont comprises sous la dénomination générale de *vers*; dans ce sens, les vers sont des chenilles qui n'ont pas de pattes. Dans la langue de l'histoire naturelle, on ne nomme vers que les insectes, tels que le *lombric* ou ver de terre, qui ne sont pas destinés à changer de forme et qui naissent tels qu'ils seront toute leur vie. Au contraire, les chenilles et les autres larves qui leur ressemblent vivent plus ou moins longtemps sous cette forme transitoire; il en est qui, comme le ver blanc, larve du hanneton, restent plusieurs années en cet état, après quoi ils passent à un état d'apparente insensibilité sous lequel ils prennent le nom de *nymphe*. La nymphe, par un travail mystérieux qui est une des merveilles de la nature animée, passe à son état définitif d'insecte parfait ; alors seulement l'insecte possède la faculté de se reproduire. En général, l'insecte ne

vit pas longtemps sous sa forme dernière ; après avoir
accompli sa fonction finale en assurant la perpétuité de
son espèce, il cesse de vivre.

Les métamorphoses des insectes ne s'écartent pas, autant qu'un examen superficiel pourrait le faire croire, des
lois qui président au développement des autres êtres
appartenant au règne animal. Par exemple, il nous semble merveilleux qu'une chenille puisse devenir un papillon
tandis que nous n'apercevons aucun prodige dans la
naissance d'un poulet. Cependant, il n'y a qu'une différence apparente entre l'œuf de poule et l'œuf de papillon.
Seulement, le poulet subit ses transformations *dans l'œuf*,
dont il sort, à peu près semblable à ce qu'il sera toute sa
vie, moins la taille. Le papillon, lui, subit ses métamorphoses *hors de l'œuf*, prenant avant de se compléter, des
formes qui le font passer pour un animal déjà complet :
là est toute la différence.

On a écrit des volumes sur l'instinct des insectes, et
l'on n'a pas tout dit : essayer d'en tracer le tableau,
ce serait s'écarter du cadre de cet ouvrage ; je me
borne à rappeler l'instinct des hyménoptères sociaux
qui forment des colonies où la masse de la population,
privée de la faculté de se reproduire entasse les provisions, élève les larves, et donne l'exemple d'une
société régulièrement organisée : tels sont parmi les insectes nuisibles, la guêpe et la fourmi. J'insiste sur un
seul fait parce qu'il est sans exception, et, que sa connaissance se rattache essentiellement à mon sujet. Les
femelles de tous les insectes, à quelque genre qu'ils
appartiennent, déposent leurs œufs là où les larves, qui
naissent des œufs, trouveront à leur portée les aliments
qui leur conviennent, jamais ailleurs. Par exemple, les
papillons qui constituent, dans la classification naturelle,

l'ordre des lépidoptères, ne mangent pas, ou presque pas. Beaucoup d'entre eux n'ont même pas d'organes pour absorber et digérer des aliments quelconques; cependant jamais leurs femelles ne pondent que sur les plantes, arbres ou arbustes dont leurs larves pourront manger les feuilles. Se souviennent-elles de ce qu'elles mangeaient quand elles vivaient à l'état de larve? Il est impossible de le leur demander; on voit seulement qu'elles agissent comme si elles s'en souvenaient.

Plusieurs de ces femelles ne vivent qu'un jour ou même quelques heures; ce sont celles qui déposent tous leurs œufs à la même place; elles meurent dès que leur ponte est terminée. D'autres pondent à plusieurs reprises, et doivent vivre un certain temps pour déposer partiellement leurs œufs en divers endroits. Dans ce cas, elles mangent à l'état parfait autant qu'à l'état de larve; les aliments qu'elles consomment sous cette dernière forme ne sont pas les mêmes que ceux qui leur convenaient sous leurs forme précédente; elles n'en placent pas moins leurs œufs près de la nourriture, faute de laquelle leurs larves devraient mourir de faim. Pour arriver à les détruire, les insectes nuisibles doivent êtres étudiés sous toutes leurs formes; les dégats qu'ils commettent ne peuvent être évités qu'à cette condition.

PHYLLOXERA VASTATRIX. — Une maladie mortelle s'est subitement déclarée dans nos vignobles du Midi; le département de Vaucluse, le plus éprouvé sous ce rapport, a perdu à lui seul, en une seule saison, plus de 3,000 hectares de vignes en pleine végétation, dont les ceps ont été frappés de mort subite, sans cause apparente. Bientôt, les investigations auxquelles on s'est livré à ce sujet ont fait découvrir, sur les racines des ceps attaqués, des légions d'insectes jaunâtres, d'une petitesse presque microscopique, appartenant au genre *Aphis* (puceron), et baptisés par les naturalistes du nom de *Phylloxéra vastatrix* Au début, on avait agité la question de savoir si la vigne était attaquée du Phylloxera parce qu'elle était malade, ou bien, si elle était malade parce qu'elle était attaquée du Phylloxéra. Des observations attentives ont permis de constater que le Phylloxéra est la vraie cause du mal. Lorsqu'il a épuisé la sève d'un cep, il ressort de terre et va chercher un cep en parfaite santé. Son excessive petitesse lui permet de profiter des moindres crevasses pour parvenir à son but; sa prodigieuse facilité de multiplication ne permet à aucun cep une fois envahi d'échapper à sa voracité.

Il est plus que problable que le Phylloxéra a toujours existé dans nos vignobles ; il y est resté inaperçu, tant qu'il s'est borné à tuer çà et là quelques ceps, dont la mort était attribuée à d'autres causes ; puis, sous l'influence de causes naturelles qui échappent à l'observation de l'homme, des circonstances particulièrement favorables à la multiplication du Phylloxera se sont produites tout à coup, et ce puceron est passé à l'état de fléau. Les études sur le Phylloxéra sont encore trop récentes et trop incomplètes pour qu'on puisse en tirer des conclusions certaines ; il y a probablement des mâles ailés et des femelles aptères, c'est-à-dire, dépourvues d'ailes comme chez la plupart des autres pucerons ; ce qui est hors de doute, c'est sa désastreuse fécondité. Les ceps envahis n'offrent d'abord aucun signe de maladies. Si l'on déchausse leurs racines, on les trouve couvertes de Phylloxeras qui les sucent et les dessèchent ; puis, tout à coup le mal étant parvenu à son terme, les feuilles se crispent, la sève s'arrète et le cep meurt,

Plusieurs années avant l'invasion du Phylloxéra, dans nos vignobles du Midi, les vignes de la Charente et de la Charente-Inférieure montraient çà et là quelques ceps, en petit nombre, atteints de mort subite par suite d'une maladie que les vignerons du pays avaient nommée *le cottis*. Quoique le mal ne fut pas alors bien grave, M. le docteur Jules Guyot, l'homme de France le plus compétent en matière de viticulture, fût consulté sur les moyens de mettre un terme à la maladie du cottis. Il conseilla de déchausser les ceps malades et de verser, sur les racines mises à nu, une solution de sulfure de potasse, ce qui produisit l'effet désiré. Les racines des vignes atteintes du cottis n'ayant pas été sonmises à l'examen des naturalistes, le Phylloxéra, cause probable de la maladie, ne fut pas découvert ; le remède, peu coû teux et d'un emploi facile, aurait probablement sur les vignes malades dans le Midi, le même succès. Il paraît inutile de décrire tous les procédés essayés ou seulement proposés pour combattre la propagation du Phylloxéra ; aucune des expériences faites jusqu'à présent n'a donné des résultats suffisamment concluants. On cite seulement, dans les départements du Gers et du Lot, quelques cas de guérison des vignes atteintes de la maladie du Phylloxéra, traitées par l'huile de pétrole à la dose de deux litres de cette huile dans un hectolitre d'eau. Les vignes déhaussées et arrosées au pied avec ce mélange, paraissent avoir été délivrées du Phylloxéra. C'est le seul traitement qu'on puisse indiquer, jusqu'à présent, comme ayant été suivi d'un remarquable succès.

HANNETON (*mélolontha maïalis*). — Le Hanneton appartient à l'ordre des *Coléoptères*, suffisamment caracterisé par les deux étuis cornés nommés *élytres*, dont ses ailes sont recouvertes. Les élytres ne sont pas des ailes supplémentaires ; elles ne contribuent pas à l'action du vol ; ce sont de simples abris qui garantissent les ailes véritables.

La femelle du Hanneton, au moyen d'un organe spécial nommé *oviducte* dont elle est munie à cet effet, creuse en terre des trous cylindriques au fond desquels elle pond un certain nombre d'œufs ; puis elle ressort de terre et va recommencer ailleurs le même travail ; quand elle a pondu ses derniers œufs, elle meurt. Le Hanneton, à l'état d'insecte parfait, se nourrit des feuilles de plusieurs arbres ; les feuilles de l'orme et celles du prunier sont ses aliments

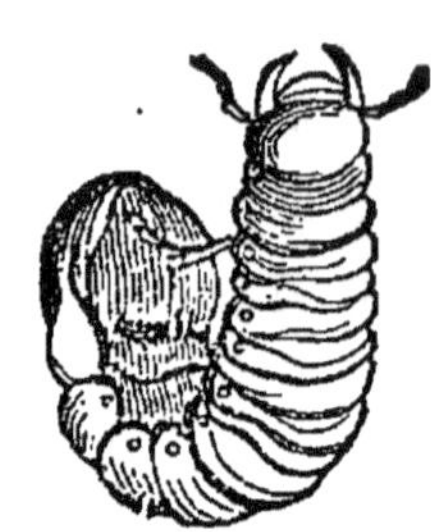

Larve du hanneton.

de prédilection. Ceux qui naissent dès la fin d'avril ou dans les premiers jours de mai, avant le développement des feuilles, recherchent avec avidité les *samares* ou semences ailées de l'orme, développées avant son feuillage ; c'est pourquoi, dans les campagnes, les samares sont désignées sous le nom de *pain de hanneton*. Les œufs de Hanneton ne sont jamais déposés dans un sol dépourvu de végétation ; ils le sont toujours à proximité des racines des plantes propres à l'alimentation des jeunes vers blancs. Ces plantes comprennent à peu près tout le règne végétal. Dans les jardins, le ver blanc montre une préférence marquée pour lés racines de la laitue, du fraisier et du dahlia ; il recherche avec une égale avidité les racines du rosier et celles des jeunes arbres fruitiers élevés en pépinière. Dans les champs cultivés, il n'épargne que les plantes de la famille des crucifères, comme le navet, le colza et les diverses espèces de choux, parce que ces végétaux contiennent du soufre dont l'odeur éloigne le ver blanc ; du reste, tout lui est bon.

15.

M. le curé d'une des paroisses de Paris avait, dans le jardin de son presbytère, un beau peuplier d'Italie, dont le feuillage jaunâtre accusait l'état maladif. Après avoir employé inutilement divers remèdes pour tenter de sauver son peuplier, M. le curé se décida à le faire arracher, et que trouva-t-il? Toute une légion de vers blancs occupés à en dévorer les racines; il y en avait de quoi remplir *un décalitre!* Ainsi, cette larve molle, faible en apparence, qui semble à peine assez robuste pour attaquer les racines des plantes potagères, est capable de ronger les racines des plus gros arbres et de leur donner la mort !

De même qu'à l'égard du Phylloxera, les recettes pour la destruction du ver blanc ne manquent pas; mais aucune de celles qui ont été proposées ou essayées jusqu'à présent n'est d'une application réellement praticable dans la grande culture. On peut seulement, pour diminuer l'intensité du mal et se délivrer d'une partie des vers blancs, recourir au poulailler portatif de Giot, au moyen duquel les volailles sont apportées, le matin, dans un champ que le laboureur est occupé à retourner. Les poules mises en liberté recherchent dans le sillon les vers blancs, à mesure que le soc de la charrue les ramène à la surface et les met à découvert. On peut aussi faire usage, pour réduire le nombre des vers blancs, de divers engrais pulvérulents, entre autres, de celui de M. Baron-Chartier, qui a obtenu une médaille d'argent à Billancourt en 1867. Cet engrais possède la propriété précieuse d'écarter les femelles de Hanneton qui ne pondent pas dans les champs fumés à une dose suffisante avec l'engrais Baron-Chartier.

Le procédé le plus efficace pour diminuer le nombre désastreux des vers blancs, c'est la recherche et la destruction des Hannetons, opération désignée sous le nom de *hannetonage*, par analogie avec l'opération de l'échenillage.

La récolte des Hannetons est facile à faire, le matin avant,
que la chaleur solaire ait fait sortir de son engourdissement nocturne l'insecte qui, pour passer la nuit, s'accroche
par ses pattes à l'envers des feuilles, auxquelles il adhère
faiblement. On en fait tomber à terre une grêle en secouant
les branches des arbres ; ils sont hors d'état de prendre
leur vol pour se sauver. Divers essais tendent à prouver
que les Hannetons bouillis, écrasés et stratifiés avec de la
terre et de la chaux vive, forment un compost d'une valeur réelle comme substance fertilisante ; la valeur de
l'engrais de Hanneton pourrait couvrir, sinon en totalité,
du moins en grande partie, les frais du hannetonage.

La larve du Hanneton (ver blanc), passe habituellement
trois ans sous terre avant de devenir insecte parfait. Si,
dans cet intervalle, il survient un hiver d'une rigueur
exceptionnelle, le ver blanc s'enfonce en terre assez avant
pour que la gelée ne puisse l'atteindre. Dans ce cas, son
développement est retardé ; il n'est complet qu'au bout de
quatre ans au lieu de trois. C'est pourquoi les invasions
formidables de Hannetons surviennent tous les trois ou
quatre ans. C'est pendant les années où surabondent les
Hannetons, que le hannetonage, pratiqué avec ensemble,
peut rendre le plus de services pour la diminution du
nombre des vers blancs, véritable fléau qui cause à l'agriculture des dommages annuels évalués sans aucune exagération à plusieurs millions.

Pyrale de la vigne. — Insecte de la famille des *Lépidoptères* (papillons), qui, sous la forme de chenille, commet
d'énormes dégats dans les vignes et mériterait d'être
placé en tête de tous les insectes nuisibles, si l'homme
n'était pas depuis quelques années, en possession d'un
procédé sûr pour s'en débarrasser. La priorité en qua-

lité d'êtres malfaisants appartient au Phylloxera et au Hanneton, tant qu'on n'aura pas trouvé un moyen efficace et praticable d'en avoir raison.

Comme papillon, la Pyrale de la vigne n'a rien de remarquable ; ses ailes sont d'un gris terne sur la première paire, d'un ton violacé sur la seconde paire, avec des

Pyrale de la vigne
et sa chenille.

marbrures peu apparentes ; le mâle et la femelle diffèrent peu l'un de l'autre ; ils ne dépassent pas deux à trois centimétres de longueur. C'est, à l'état parfait, l'un des insectes connus, dont la vie est la plus longue ; la pyrale des deux sexes ne vit jamais •moins de trois ou quatre jours ; il en est dont l'existence se prolonge jusqu'à dix ou douze jours ; aucun autre papillon n'est aussi favorisé sous ce rapport que celui de la pyrale. C'est ce qui a lieu, lorsque quelque circonstance atmosphérique ou autre retarde la ponte de ses œufs ; tant qu'elle n'a pas pondu tous ses œufs, très-nombreux, et qu'elle ne dépose jamais tous ensemble à la même place, elle ne meurt pas.

La femelle de la Pyrale pond ses œufs d'une petitesse microscopique sur la partie supérieure des feuilles de la vigne ; jamais elle ne les dépose sur leur surface inférieure ; il est également difficile, à moins de se servir d'une bonne loupe, d'apercevoir les œufs et les chenilles qui ne tardent pas à en sortir ; elles sont blanches avec une tête noire, le tout ne dépassant pas un milimètre et demi de longueur. La chenille paraît blanche d'abord, puis verte, puis blanche ou plutôt incolore, alternativement. En réalité elle n'est ni blanche ni verte ; elle est incolore, à peau transparente. Quand elle s'est gorgée du parenchyme vert de la feuille de vigne (*chlorophylle*), elle paraît verte jusqu'à ce que cet aliment soit digéré et expulsé. La Pyrale, en raison de sa petitesse, soit comme chenille, soit comme papillon, passe inaperçue, tant qu'elle ne rencontre pas de circonstances particulièrement favorables à sa multiplication. Mais, quand elle est en nombre, rien ne lui résiste; nous avons eu, au commencement de ce siécle, des vignobles, parmi ceux qui produisent nos vins les plus renommés, qui, à plusieurs reprises, notamment en 1809, ont littéralement tout perdu; il n'y était pas resté une seule grappe à vendanger. M. Audouin, professeur d'histoire naturelle, qui avait fait une étude spéciale des insectes nuisibles à la vigne, portait au chiffre de 30 millious la somme des produits de la vigne anéantis à cette époque par la Pyrale.

L'instinct de cet insecte ou plutôt de sa chenille, se révèle par un fait des plus curieux. Là où elle est en force, la végétation de la vigne languit; les chenilles n'éprouvent aucune difficulté pour tirailler les feuilles à l'aide des fils qu'elles tirent, comme le ver à soie, de leur propre substance, et à les rouler en forme de cigares pour se loger dans les plis et y subir leurs transformations. Il en est autrement partout où il n'existe que quelques groupes isolés de Pyrales, trop peu nombreuses pour endommager sérieusement la vigne, et altérer la vigueur de sa végétation. Dans ce cas, les forces de la chenille ne suffiraient pas pour vaincre la rigidité des feuilles d'une vigne bien portante. Elles le savent bien, car, au lieu de s'épuiser en efforts inutiles, les chenilles se mettent toutes ensemble à sucer le pétiole de la feuille; celle-ci ne tarde pas à se faner, à se ramollir; elle se laisse alors rouler sur elle-même sans trop d'efforts.

La chenille de la Pyrale se loge, pour hiverner, dans les

crevasses de l'écorce des ceps de vigne et dans les fentes du bois des échalas. Cette chenille, ainsi que sa nymphe enfermée dans une très-petite chrysalide, a la vie très-dure; on peut l'exposer à une température de 60 à 70 degrés centigrades, sans détruire sa vitalité. Heureusement, elle ne résiste pas à la température de l'eau bouillante. Un vigneron du Beaujolais, du nom de Raclet, a tenté d'échauder, avec de l'eau en ébulition, les échalas et les ceps de vigne pendant le sommeil de la végétation ; la Pyrale a été détruite, et les ceps n'en ont pas souffert. Le procédé consiste à porter, de place en place dans le vignoble, une petite marmite, posée sur un trépied sous lequel on allume un feu clair. Quand l'eau bout, on y plonge un gros pinceau qu'on passe rapidement sur les ceps de vigne ; la chaleur est suffisante pour faire périr la Pyrale; elle ne cause à la vigne aucun dommage.

Depuis que le procédé Raclet est appliqué aux vignes menacées de la Pyrale, cet insecte est dompté et ne peut plus être considéré comme uu fléau.

PiÉRIDE DU CHOU. — Insecte de la famille des Lépidoptères. La piéride du chou, à l'état d'insecte parfait, est le papillon blanc commun, le plus répandu dans toute l'Europe, papillon qn'on rencontre partout, depuis les premiers jours d'avril jusquà la fin d'octobre. La femelle pond environ 300 œufs, desquels sortent ces légions de chenilles vertes zébrées de brun qui dévorent les choux et les autres

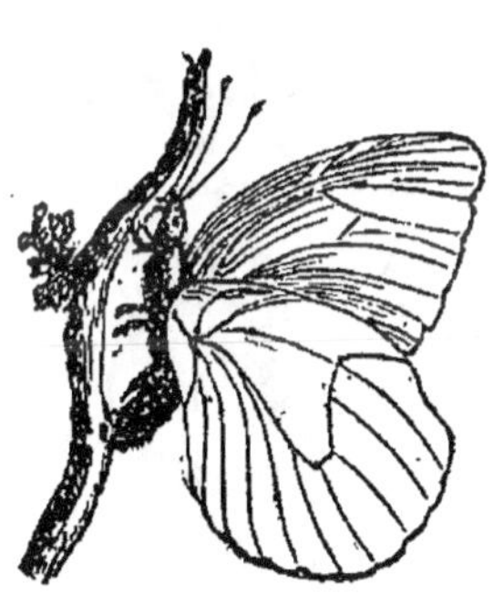

Piéride du choux.

plantes de la famille des crucifères, dans les champs et dans les jardins. La piéride pro duit plusieurs générations du printemps à l'automne. Ses chenilles seraient un véritable fléau, si son papillon n'avait pour ennemis, tous les oiseaux insectivores, qui en réduisent sensiblement le nombre et s'opposent à sa multiplication.

On se délivre aisément et sans frais des chenilles vertes de la Piéride du chou, lorsqu'elles ont envahi les carrés du potager ; il suffit à cet effet d'y introduire, de grand matin, une bande de canards à jeun. Les chenilles vertes se rassemblent la nuit, pour dormir toutes ensemble, sur l'envers des feuilles des choux. Avant qu'elles se soient dispersées pour manger, les canards qui connaissent très-bien leur retraite, leur font une chasse attentive et n'en laissent subsister aucune. Tant qu'ils trouvent des chenilles vertes, des vers de terre et des limaces, les canards ne touchent à aucune plante potagère ; leur service est donc parfaitement gratuit.

Charançon (*Curculio*).—Le Charançon, également connu dans les campagnes, sous son nom vulgaire de *calandre des blés,* appartient à l'innombrable fa-mille des *Coléoptères*, dans laquelle toute la parenté du Charançon cons-titue un groupe considérable sous le nom de *curculionidés*. Le Charançon, de même que tous les autres cur-culionidés, se distingue du reste des coléoptères par la prolongation de la tête, ce qui donne à ces insectes l'apparence d'un nez d'une longueur tout à fait hors de proportion avec leur taille. Ce caractère appartient à tous les insectes curculionidés, et il

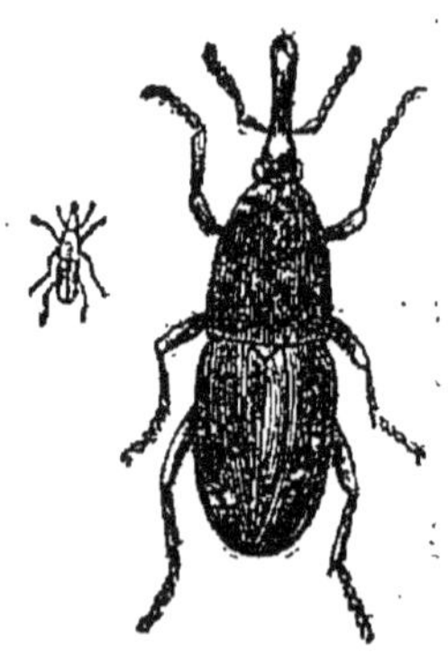

Charançon du blé
(très-grossi).

n'appartient qu'à eux seuls, ce qui ne permet pas de les confondre avec d'autres.

Le Charançon commun vit aux dépens des céréales, entre lesquelles il préfère l'orge et le froment. Il subit les mêmes transformations que les autres coléoptères, et celá, dans un temps relativement très-court; il vit longtemps à l'état d'insecte parfait, parce qu'il faut un temps considérable à la femelle pour compléter sa ponte. En effet, elle ne pond qn'un seul œuf à la fois; à l'aide de son oviducte, elle dépose cet œuf dans l'intérieur d'un grain de blé; elle semble savoir que, si elle en déposait deux, les larves n'auraient pas assez de la substance du grain pour se nourrir et parvenir à l'état d'insecte parfait. Les dégâts commis par le Charançon dans les grains battus, sont d'autant plus graves que rien ne décèle extérieurement la présence, dans le grain, d'un œuf microscopique, pondu alors que le grain était encore dans l'épi. Il sort bientôt de cet œuf une larve qui devient un Charançon. C'est ainsi que cette engeance trop féconde se propage dans les greniers, et détruit tous les ans une partie importante des produits du travail du laboureur.

Les conséquences économiques de la voracité du Charançon sont plus sérieuses qu'on ne peut le supposer, au premier aperçu. Quand le fermier serre dans son grenier 100 hectolitres d'orge ou de blé, ces grains ayant été, au moyen de la machine à battre, séparés de l'épi, aussitôt après la moisson, il ne peut jamais savoir combien il lui en restera trois mois plus tard. Si, dans cet intervalle, il a besoin d'argent, et que le prix des céréales ne lui permette pas de vendre autrement qu'à perte, il ne peut pas se procurer des fonds en offrant son blé pour gage. Car, le prêteur ayant reçu, par exemple, 100 hectolitres comme garantie des fonds avancés par lui, peut se trouver, au bout de six mois, n'en avoir plus que 95 hectolitres, le Charançon en ayant consommé 5. Lorsque l'emprunteur rendra l'argent prêté avec les intérêts, il voudra naturellement reprendre les 100 hectolitres déposés. Qui supportera le déficit, et comment établir qu'il provient du fait du Charançon, et non du fait du prêteur? Cela seul rend impossible le prêt sur dépot, de céréales ainsi que les réserves des années d'abondance, en vue des années de disette. On en comprend aisément les conséquences économiques.

Si le fermier n'a point besoin d'emprunter sur sa récolte de grains, mais qu'il ait compté pour l'arrangement de ses affaires sur la vente de 100 hectolitres et que, par la faute du Charançon, il ne lui en reste que 95, c'est déjà un cruel mécompte qui peut lui causer de graves embarras. Il y a donc lieu de rechercher et de mettre en usage tous les moyens praticables de diminuer le nombre des Charançons. La destruction complète de cet insecte nuisible n'est possible qu'en théorie, par un procédé infaillible, mais malheureusement irréalisable. Voici en quoi consiste ce procédé. On sait que, pour l'approvisionnement des équipages des navires destinés aux voyages de long cours, on embarque des farines qui chaque jour sont partiellement converties en pain frais. Ces farines, pour les rendre inaltérables, sont comprimées dans de solides barils, au moyen de la presse hydraulique ; elles supportent ainsi sans se détériorer les plus longues traversées. Si, au lieu d'embarquer des farines, on embarquait des blés qui seraient journellement convertis en farines à l'aide des moulins à bras, on perdrait inévitablement une partie des grains par le Charançon. Il est bien possible que la farine contienne des œufs de Charançon; ces œufs ayant, par leur petitesse, échappé à l'action de la meule; mais la compression subie par la farine dans les barils empêche ces œufs d'éclore. Donc si dans chaque arrondissement ou mieux dans chaque canton, il existait une meunerie à vapeur, organisée pour convertir rapidement tous les blés en farines et soumettre ces farines à la même compression que subissent les farines embarquées, la puissance destructive du Charançon serait anéantie.

On comprend combien d'obstacles matériels s'opposent à la mise en pratique d'un pareil système. Les moyens les plus simples et les plus primitifs sont presque seuls usités dans la plupart des fermes de nos pays à blé : on se contente de déposer les grains en tas dans des greniers carrelés, et de remuer fréquemment les tas à la pelle. Les Charançons dérangés prennent la fuite et il est facile de les écraser. Mais ce n'est qu'un remède partiel; il reste dans les grains des œufs et des larves à divers degrès de développement, qn'on ne peut pas empêcher de devenir à leur tour des Charençons. Pour les grands approvisionnements de grains, tels que ceux de la manutention militaire et des principales meuneries à vapeur, on se sert de divers appareils, dont les uns portent des courants d'air à l'intérieur des tas de grains, et dont les autres font tomber le blé en pluie d'une grande hauteur, et le font remonter par un système de bascule à son point de départ.

Dans tous les cas, il est nécessaire de cribler fréquemment les grains pour en séparer ceux dont le Charançon a rongé l'intérieur ou qui en contiennent les larves. Pour des provisions de peu d'importance, on emploie un autre moyen qui économise beaucoup de main d'œuvre. On se procure, chez le boucher, des peaux de moutons fraîchement tués, qu'on étend sur le blé, la laine en dessous. Tous les Charançons s'empressent de monter dans la laine; on s'en débarasse en battant les peaux dans la basse-cour, afin que les volailles fassent leur profit des Charançons. On voit que tous ces procédés ont le même défaut, celui de n'atteindre que les insectes parvenus à l'état parfait. Un procédé réellement sûr pour détruire le Charançon et ses larves est encore à trouver

Il y a quelques années, un fermier de la Beauce s'était avisé de faire graisser légèrement d'huile de colza, les pelles employées à remuer ses blés dans son grenier. Le grain contractait une odeur peu agréable, mais comme c'était un blé de choix, réservé pour les semailles, ne devant pas être converti en farine, l'inconvénient n'était pas sérieux. Ce fermier vit avec satisfaction le Charançon disparaître de ses grains; il en vendit une partie à un voisin pour emblaver ses champs. Pas un grain ne leva; l'huile avait fait perdre au blé la faculté de germer. Un procés s'en suivit. Le vendeur, quoique de très-bonne foi, fut condamné à des dommages intérêts envers l'acheteur, et le graissage des pelles à remuer les grains fut abandonné.

Sauterelle Acridie (*Locusta*). — Dans les pays les

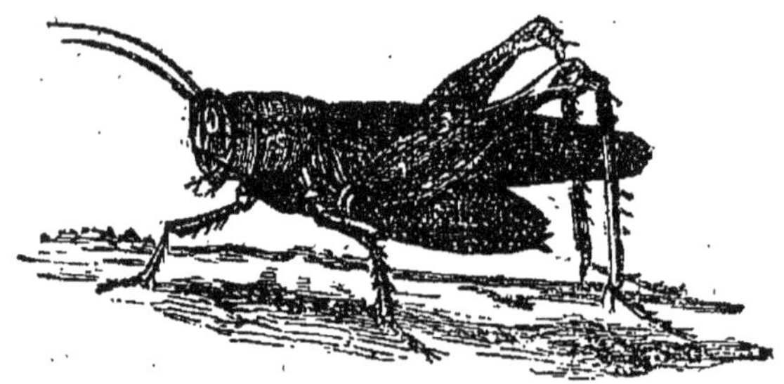

Sauterelle Acridie.

mieux cultivés de l'Europe, la grande Sauterelle verte nommée *Acridie*, est à peine connue. On la rencontre çà et là par petits groupes; elle ne s'y montre jamais à l'état de fléau. En France, la petite Sauterelle grise avec deux ailes rouges, connue sous son nom vulgaire de *criquet*, est assez commune, mais elle ne commet jamais de dégâts appréciables. On croit devoir néanmoins signaler la Sauterelle comme l'un des insectes les plus nuisibles à l'agriculture, en raison des dégâts énormes qu'elle commet d'une part, dans notre colonie d'Alger, où elle peut donner lieu à d'épouvantables famines; d'autre part, dans les plaines de l'orient de l'Europe, sur lesquelles nous devons pouvoir compter, pour nous approvisionner en grains, quand la récolte est insuffisante dans l'Europe occidentale.

C'est par un abus des termes que les naturalistes donnent le nom de *larves* aux jeunes sauterelles incomplétement développées. Bien qu'elles ne soient pas, en sortant de l'œuf, semblables en tout point à leurs mères, et qu'il leur manque des organes qu'elles doivent acquérir plus tard, ce sont pourtant bien de vraies sauterelles et non pas des larves, et elles n'ont pas besoin de passer par l'état de nymphe, pour arriver à l'état d'insecte parfait. La Sauterelle a pour caractères la longueur de sa dernière paire de pattes et la disposition particulière de ses ailes. Celles-ci, quoique l'Acridie porte le surnom de *sauterelle voyageuse*, ne peuvent servir à l'insecte pour voler dans le vrai sens du mot. Le vol, c'est la faculté pour les animaux ailés, de se transporter à volonté d'un lieu à un autre, en traversant en tous sens l'atmosphère, à l'aide de leurs ailes. C'est ce que font la mouche importune, la guêpe et tous les papillons; c'est ce que ne peut faire la Sauterelle. En s'appuyant énergiquement sur ses longues pattes, la Sauterelle, son nom nous l'indique, franchit d'un bond, un assez grand espace. Ses ailes, faisant office de parachute, l'aident à donner plus d'ampleur à ses sauts; leur pouvoir ne va point au delà.

La Sauterelle ne va pas où elle veut à l'aide de ses
ailes. Là, où se trouve épuisée la force d'impulsion résultant de chaque saut, il faut qu'elle retombe à terre; ses
ailes lui sont inutiles pour aller plus loin. Il n'est que
trop vrai que des nuées de sauterelles franchissent de
grands espaces à travers l'atmosphère, pour aller porter la désolation et la famine dans les contrées dont l'a-
griculture est le plus florissante. Ce fait, en apparence
anormal, intéresse assez plusieurs fractions importantes de
la race humaine, pour qu'il soit à propos d'en donner
l'explication. La Sauterelle voyageuse dépose ses œufs en
terre à quelques centimètres seulement de pronfondeur.
Dans les pays où presque toute la surface du sol est régulièrement labouére tous les ans, ces œufs ramenés à la
surface par le soc de la charrue sont la proie des pies,
des corbeaux et des autres oiseaux sauvages insectivores ;
il ne peut en éclore chaque printemps qu'un petit nombre.
Dans les pays incultes et inabités, il en est autrement;
c'est ainsi qu'en Europe, la Russie méridionale, dont le sol
plat, sablonneux, en partie gazonné, porte le nom de
steppe, offre aux Sauterelles un espace illimité où elles
peuvent multiplier sans obstacle ; à peine sont-elles dé-
rangées sur quelques points par les troupeaux de bêtes
ovines, dont le nombre pourrait être centuplé sans que
ces animanx pussent manger toute l'herbe des steppes. Il
arrive tous les ans un moment où les Sauterelles deviennent si nombreuses dans les steppes qu'elles y souffrent
cruellement de la faim ; elles sont cependant capables de
supporter le jeûne assez longtemps sans en mourir. Si, à
ce moment, les vents violents et durables du sud-est, ve-
nant de la mer Noire, se mettent à souffler, les Sauterelles,
guidées par leur instinct, se laissent enlever à une assez
grande hauteur, en tourbillons, comme les grains de sable

du désert. C'est alors qu'elles voyagent, non point en volant dans le sens véritable de cette expression, mais en se soutenant en l'air avec leur parachutes, car leurs ailes ne sont pas autre chose. Elles vont ainsi à l'aventure, où le vent les emporte, tant que le courant atmosphérique est suffisament rapide ; là où il cesse de l'être, elles tombent. Les nuées de Sauterelles, ainsi formées dans le steppe, sont emportées jusqu'au-dessus de la vallée du Danube et de ses grands affluents. Dès qu'elles voient au dessous d'elles des bois, de la verdure, des champs emblavés, elles replient leurs ailes, se laissent tomber et satisfont leur rude appétit. Le gros de la troupe poursuit son voyage involontaire jusqu'à ce que le courant atmosphérique rencontre le rideau des monts, Carpathes qui le refoule et fait tomber sur le sol toutes les Sauterelles à la fois Alors, la plaine de la Hongrie est dévastée. Il y a des provinces entières où il ne reste pas une feuille, pas un brin d'herbe : tout est dévoré.

Heureusement, les vents favorables aux voyages de la Sauterelle ne soufflent pas tous les ans à la même époque, dans la même direction. Ne pouvant émigrer, les Sauterelles meurent de faim, et plusieurs années se passent avant qu'elles renouvellent leurs invasions. En Algérie, les choses se passent exactement de la même manière. Les nuées de Sauterelles, formées sur les plaines du versant méridional de la chaîne de l'Atlas, ne rencontrent pas, tous les ans, des vents du sud qui leur fassent franchir les gorges de l'Atlas et les emportent au-dessus des plaines cultivées du nord de l'Afrique. Quand ce malheur arrive, les efforts de l'homme sont trop souvent impuissants pour s'opposer aux ravages d'nn si formidable fléau.

En Hongrie, les cultivateurs qui redoutent une invasion de Sauterelles, mettent en réserve les fanes sèches provenant de leurs récoltes de pommes de terre ; ils y mettent lefeu, quand la nuée de Sauterelles passe au-dessus de leurs champs. La fumée des fanes de pommes de terre brûlées contient un principe narcotique qui engourdit les Sauterelles et les force à tomber; on se hâte de les enterrer par un labour profond. Ce n'est là, malheureusement qu'un remède applicable sur une échelle restreinte, et dans un petit nombre de localités.

En Algérie, la population, aidée de la troupe, creuse des fossés, dans lesquels elle entasse les Sauterelles pour en délivrer les champs: beaucoup de peine pour peu de résultat ! Pendant la dernière invasion de Sauterelles, un physicien ayant fait, près d'une des villes du littoral, une expérience de lumière électrique, vit, non sans surprise, les Sauterelles à terre accourir par bonds prodigieux vers son soleil artificiel; elles avaient déserté les champs environnants, pour venir s'entasser autour de lui; il y a peut-être là un puissant moyen de destruction des Sauterelles, qui pourrait être utilisé avec succès, faute de mieux. On ne peut nier que, jusqu'à présent, le pouvoir de l'homme pour combattre une invasion de Sauterelles, ne soit nul ou à peu près. Mais il n'y a pas de raison pour qu'il en soit toujours ainsi. Le moyen le plus certain, qui ne peut être employé qu'avec l'aide du temps, ce serait de peupler et de cultiver toutes les terres sur lesquelles se forment les nuées de Sauterelles; ce fléau cesserait dès lors d'être en puissance d'être; il n'y aurait pas lieu de rechercher les moyens de le combattre efficacement.

ALUCITE. — L'Alucite appartient comme la pyrate de la vigne, à l'ordre des *Lépidoptères* ou papillons; elle ne participe en rien à la beauté dont sont amplement pourvus ses plus proches parents. C'est un très-petit papillon d'un gris jaunâtre, peu apparent, qui tient constament ses deux paires d'ailes repliées l'une sur l'autre, de sorte que celui, qui n'est pas prévenu, ne le prendrait jamais pour un papillon. Comme le charançon, qui pourtant ne lui tient par aucun lien de parenté, l'Alucite vit aux dépens du froment; la femelle dépose ses œufs, non pas dans l'intérieur du grain, mais á sa surface; la chenille d'un rosage vif, excessivement petite, perce l'enveloppe extérieure du grain, se loge dans sa subtance et y subit ses métamorphoses pour en sortir à l'état de papillon; le tout dans un temps assez court. Ainsi, dans les cantons infestés d'Alucites, si l'on démonte une meule de froment pour en livrer les gerbes au battage, il en sort des nuées de petits papillons. Ce

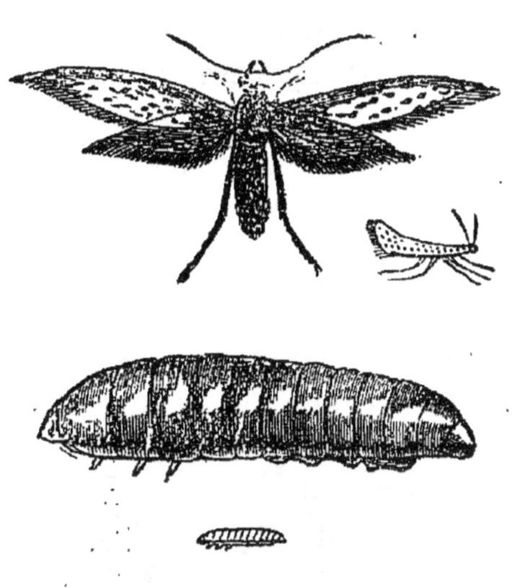

Alúcite sa chenille,

sont des Alucites dont plusieurs générations inaperçues ont pu se produire dans les gerbes entassées en meules, et commettre impunément de très-sérieux dégâts. Vers la fin du siècle dernier, le tort fait aux récoltes de céréales dans les départements de l'ouest de la France, était évalué à une vingtaine de millions, à la charge de l'Alucite seule, sans compter les ravages du charançon et des autres insectes qui vivent aux dépens des grains.

L'homme ne peut pas opposer de moyens certains de destruction à un ennemi de cette nature : heureusement la nature elle-même s'en charge. L'Alucite, sans qu'il soit en notre pouvoir d'en découvrir la véritable cause, disparaît subitement des cantons qu'elle a désolés pendant plusieurs années de suite, bien que sa disparition ne puisse être attribuée aux procédés employés pour la combattre. Sans doute, dans ce cas, l'Alucite succombe à quelque affection épidémique dont les causes nous échappent. Il en subsiste toujours quelques-unes qui, sous l'influence de causes inconnues, font reparaître de temps en temps l'Alucite qui recommence ses ravages. Cette race destructive paraît devoir définitivement disparaître par l'effet naturel de l'emploi vulgarisé des machines à battre. Les grains livrés à la machine sont serrés dans les greniers et le remuage fréquent à la pelle arrête suffisamment la multiplication de l'Alucite; les meules ne contenant que des pailles battues, l'Alucite n'y trouve pas d'aliments. Quand l'usage des machines à battre sera devenu général, les grandes invasions d'Alucites cesseront d'être possibles.

ALTISE (*Altica oleracea*). — On connaît dans les campagnes, sous ses noms vulgaires de *tiquet* ou *puce de terre*, l'Altise, petit insecte coléoptère qui fait à toutes les plantes cultivées, de la famille des *Crucifères* un tort considérable, assez difficile à prévenir. Le sobriquet de tiquet vient des nombreux points brillants dont les élytres de l'Altise sont marquées ou, selon l'expression vulgaire, *tiquetées,* en lignes longitudinales; celui de puce de terre lui a été donné parce qu'elle saute à la manière de la puce commune, en se servant à cet effet

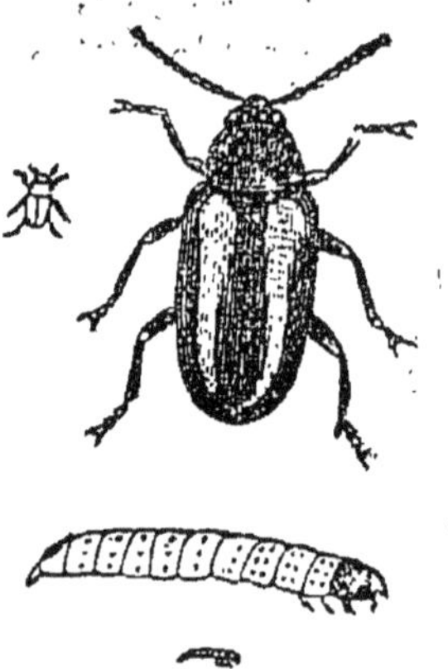

Altise et sa larve.

de ses ailes membraneuses, trop faibles pour lui donner la faculté de voler.

L'Altise subit ses transformations avec plus de rapidité que la plupart des autres coléoptères. Ce fait contient, à lui seul, l'explication d'un phénomène qui semble inexplicable au premier coup-d'œil, L'Altise attaque les choux, le colza, les navets, la moutarde et, en général, tous les végétaux crucifères admis dans la grande comme dans la petite culture. N'ayant, pour broyer sa nourriture, que des mandibules faibles et peu consistantes, elle ne peut manger que les plantes récemment sorties de terre; elle en dévore, de préférence à tout autre aliment, les feuilles séminales qui sont les cotylédons de la graine passée à l'état herbacé. Dès que des feuilles un peu plus solides succèdent aux feuilles séminales, l'Altise ne peut plus les entamer; elle meurt de faim et disparaît. Mais trop souvent, avant de disparaître, elle a complétement dévoré le jeune plant, et laissé le champ aussi nu que s'il n'avait pas été ensemencé. Or, si, par exemple, après une récolte de céréales, on sème des navets en récolte dérobée, dès que les navets sont levés, le champ, qui évidemment ne contenait pas une seule Altise, en est subitement envahi, et l'espoir de la récolte des navets est anéanti. D'où viennent ces insectes ? Une observation attentive a permis de reconnaître leur origine. La larve de l'Altise se loge, pour se transformer, dans l'épaisseur des côtes centrales des feuilles des plantes crucifères. Ces plantes, à l'état sauvage, entre autres la *sauve* ou moutarde sauvage, et la roquette, abondent partout dans le voisinage de tous les terrains cultivés. L'Altise, avertie probablement par le sens de l'odorat qui doit être chez elle très-développé, accourt dans le champ de navets récemment levés. Comme elle y trouve une nourriture abondante et que ses transformations s'accomplissent très-rapidement, en quelques jours le champ en est couvert.

Bien des moyens ont été proposés pour la destruction de l'Altise; l'un des plus efficaces consiste à promener sur le champ envahi une sorte de brouette dont le dessous est enduit d'un goudron pâteux. L'Altise, dérangée par le passage de la brouette, prend son élan pour fuir; elle se heurte à la planche goudronnée et y reste collée par ses élytres. Malheureusement, les jeunes plantes foulées aux pieds ne s'en relèvent qu'en bien petit nombre; c'est un procédé analogue à la chasse, qui procure aux chasseurs l'occasion de faire plus de dégâts que n'en pourrait faire le gibier.

Tout récemment, un aide naturaliste du Muséum d'histoire naturelle, M. Cloëz, a imaginé, pour détruire l'Altise et le Puceron, un liquide dont voici la recette: Faites bouillir 120 grammes de quassia-amara et 20 grammes de graine de staphisaigre grossièrement écrasée dans trois litres d'eau, réduits à deux litres par une ébullition prolongée; passer et laisser refroidir.

Les Pucerons et l'Altise ne résistent pas au contact d'une dose même très-faible de ce liquide. La recette n'est guère applicable qu'à la préservation des rosiers, des radis et du plant de choufleurs dans les jardins; pour la grande culture, bien que son prix de revient ne soit que de cinq centimes le litre, le liquide de M. Cloëz est trop difficile à employer. Le vrai moyen d'empêcher l'Altise de détruire les plantes crucifères récemment levées, c'est de donner à la terre assez de façons et assez d'engrais pour que la végétation marche, à son début, avec le plus de célérité possible. En joignant à cette précaution celle de ne pas ménager la semence, l'Altise ne peut manger qu'une partie des jeunes plantes. Dès que celles qui subsistent ont pris leur quatrième feuille, leur consistance est devenue asssz solide pour résister aux mandibules de l'Altise, qui ne peut plus rien contre elles.

CourTILIÈRE OU TAUPE-GRILLON. — La Courtilière tire son nom du vieux mot français *courtil* ou *cortil*, sous lequel nos ancêtres désignaient le jardin potager. Son surnom vient de ses habitudes souterraines analogues à celles de la taupe et du grillon. La Courtilière est l'un des plus gros, et sans contredit le plus hideux des insectes de la classe des *Orthoptères* dont elle fait partie, comme la sauterelle. De même que celle-ci, elle n'est pas complète au sortir de l'œuf; mais, pour arriver à sa forme définitive, elle ne passe ni par l'état de larve, ni par celui de nymphe; depuis l'instant où elle naît, c'est bien une Courtilière.

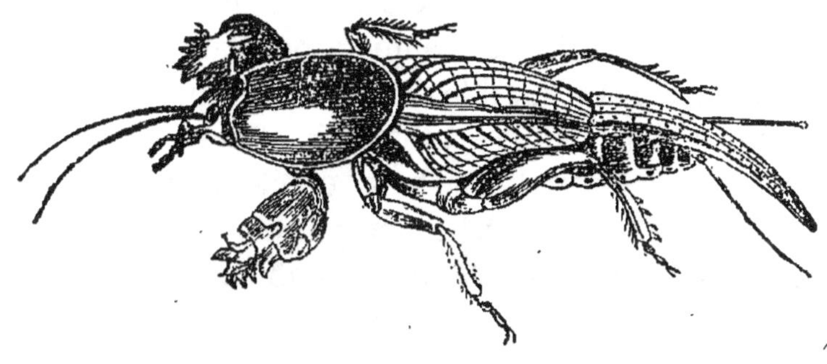

Courtilière.

Les mœurs de cet insecte ne ressemblent pas à celles de la plupart des autres animaux du même ordre. Née sous terre, destinée à en sortir rarement, elle craint et évite le contact de la lumière, bien qu'elle soit pourvue de deux yeux bien conformés. Sa vie se passe à faire sous terre la chasse aux vers de terre et aux larves de divers insectes dont elle se nourrit. Elle creuse à cet effet des galeries souvent fort longues ; on comprend à peine comment les forces de la Courtilière peuvent suffire à un pareil travail. Les galeries souterraines de la Courtilière, peu éloignées de la surface du sol, sont toujours en ligne droite. Si quelque racine lui fait obstacle sur son passage, elle la coupe entre deux terres, et fait nécessairement périr la plante ; c'est de cette manière que la Courtilière est le fléau des jardins. Elle nuit particulièrement à la culture forcée sur couches ; elle choisit les couches pour s'y établir, y pondre et assurer les subsistances de sa trop nombreuse postérité, dans le fumier dont la chaleur favorise la multiplication d'une multitude d'insectes. C'est donc avec raison que la Courtilière est rangée parmi les insectes les plus nuisibles aux jardins, bien qu'elle ne consomme pour sa nourriture aucun des produits du jardinage.

Le moyen le plus efficace de préserver les plantes, cultivées sur couches, des dégâts de la Courtilière, n'est malheuseusement pas praticable dans toutes les circonstances.

La couche étant montée, on fait chauffer dans un chaudron de l'urine de vache, de bœuf ou de cheval, et on la vide bouillante sur la couche, en quantité suffisante pour que celle-ci en soit complétement imbibée. Les Courtilières et les vers de terre ne résistent pas au contact de l'urine chaude. Mais il est beaucoup de cultures auxquelles les couches cessent d'être propres, quand elles ont subi ce traitement. Le jardinier qui reconnaît, au mal causé par elle, la présence de la Courtilière dans ses couches et ses plates-bandes, dispose de distance en distance, sur le trajet de ses galeries, des pots-à-fleurs vides. La faiblesse de la vue de la Courtilière ne lui permet pas de les apercevoir ; elle y tombe, et n'a aucun moyen d'en sortir. Car les ailes dont la Courtilière est pourvue ne lui sont d'aucun secours pour se déplacer; elle ne peut s'en servir que pour produire, en les frottant contre ses élytres, un bruissement qui lui tient lieu de cri d'appel. Comme tous les animaux qui n'ont que des trachées ou des brachies pour organes respiratoires et sont dépourvus de poumons, la Courtilière ne peut émettre aucun son analogue au cri des autres animaux; elle ne peut se faire entendre que par le frottement de ses ailes contre les élytres, comme la sauterelle, le criquet, et même la cigale qui ne saurait chanter ni l'été, ni l'hiver, attendu qu'elle n'a pas de poumons, par conséquent, pas de voix. Le chant de la cigale est une fiction des poëtes.

L'organe le plus singulier de la Courtilière, organe dont l'analogue ne se retrouve chez aucun autre insecte, c'est une paire de véritables mains dont elle est pourvue et qui lui servent à fouiller incessamment le sol. Ces mains ainsi que la forme de sa tête et de son corselet, lui donnent une ressemblance grossière avec l'écrevisse, dont elle n'est cependant pas la parente.

Lorsqu'on monte des couches, il est bon de laisser, pendant quelques heures, le fumier à la disposition d'une bande de volailles à jeun; elles savent très-bien trouver dans le fumier les œufs de Courtilière et les jeunes Courtilières récemment nées; elles préservent, d'avance, des atteintes de ces insectes, les racines des plantes que le jardinier se propose de cultiver sur couche.

Carpocapsa pomonana. — Insecte lépidoptère, dont la chenille est bien connue sous le nom de *ver des fruits*, bien que ce ne soit point un ver. Le papillon du Carpocapsa n'a pas de nom vulgaire, bien qu'il soit excessivement répandu. On a proposé de lui donner celui de *pyrale des fruits*, parce qu'il détruit les fruits du pom-

mier et du poirier, comme la pyrale détruit le fruit de
la vigne ; mais ce nom n'a pas été adopté, et en effet,
l'analogie entre les ravages de la vraie pyrale et ceux
du Carpocapsa n'est pas complète ; la pyrale crispe et
dessèche les feuilles de la vigne, comme si ces
feuilles avaient ressenti l'action passagère de la flamme ;
c'est ce qu'indique par son étymologie grecque, le
nom de pyrale. Le Carpocapsa ne produit aucun effet
du même genre sur le feuillage des poiriers et pommiers dont sa chenille ronge intérieurement les fruits ;
le nom de pyrale des fruits ne saurait donc lui
convenir. Le papillon du Carpocapsa est fort petit, d'un
gris terne, peu différent de l'alucite, sa parente. Bien
qu'il soit assez nombreux et qu'il vive plusieurs jours
à l'état d'insecte parfait, il est peu
remarqué parce qu'il se tient tout
le jour attaché à l'envers des feuilles des arbres fruitiers. La femelle
pond ses œufs un à un dans la tête
d'un fruit à pépins, ou plutôt sur
cette tête, car elle n'est pourvue
d'aucun organe pour percer le
fruit et y loger son œuf. La chenille, d'une excessive petitesse,
perce dans le fruit une galerie qui
pénètre jusqu'au cœur ; la besogne
n'est ni longue ni difficille. La ponte

Carpocapsa.

des œufs du Carpocapsa coïncide avec l'époque de la
floraison des poiriers et des pommiers, alors que les
fruits à peine noués n'ont encore qu'un très-petit volume. La chenille, établie commodément au centre du
fruit, y grossit en rongeant une partie de sa substance
sans le faire périr, mais en hâtant sa maturité, ce qui

détermine souvent sa chute prématurée. Quand la chenille sent que le moment est venu de filer son cocon et de passer à l'état de chrysalide, elle songe à se déprisonner. Dans ce but, elle creuse une galerie aboutissant à la peau du fruit qu'elle perce pour en sortir. Que le fruit soit tombé à terre ou qu'il soit resté sur l'arbre, la chenille cherche sur le tronc une gerçure de l'écorce dans laquelle elle s'établit pour subir ses dernières transformations. Elle y passe l'hiver et sort au printemps de sa chrysalide, pour s'envoler à l'état de papillon.

Quand l'hiver a été doux, les papillons du Carpocapsa sont en grand nombre, et beaucoup de fruits sont véreux. Quand l'hiver a été sévère, d'une part les chrysalydes du Carpocapsa ont succombé en partie à la gelée; d'autre part les roitelets, les rouge-gorges, les grimpereaux et les mésanges, souffrant plus ou moins de la disette pendant les froids rudes et prolongés, recherchent avec un soin plus attentif les chenilles et les chrysalides du Carpocapsa, qui deviennent, dans ce cas, leur principale ressource. Il arríve aussi qu'à la suite d'une période de chaleur précoce en février et en mars, tous les Carpocapsa s'envolent et qu'il n'y a pas un seul arbre fruitier en fleurs. Il ne peut y avoir alors de fruits véreux, les femelles du Carpocapsa étant mortes sans pouvoir effectuer leur ponte.

La race nuisible de ce lépidoptère s'éteindrait tout à fait, si les jardiniers avaient soin de supprimer les fruits de table piqués du ver, selon l'expression reçue, avant que la chenille en soit sortie, ce qui n'aurait rien d'embarrassant ni de difficile. Mais ces fruits, quoique sans valeur réelle, trouvent néanmoins des acheteurs, et l'on répugne à les sacrifier. Quant aux fruits à cidre piqués de la chenille du Carpocapsa dans les grands vergers, ils tombent de très-bonne heure et pourrissent au pied des arbres. C'est par pure incurie qu'on s'abstient de les ramasser et de les jeter au tas de fumier, opération des plus simples qui ne permettrait pas aux chenilles renfermées dans ces fruits, d'en sortir et de préparer, pour l'année suivante, toute une génération de Carpocapsa.

Dans le nord de la France et dans toute la Belgique, on s'oppose efficacement à la multiplication de cet insecte en donnant aux arbres fruitiers à l'entrée de l'hiver, un badigeonnage au lait de chaux. Les intempéries de l'hiver font tomber cet enduit, et avec lui, des fragments de la vieille écorce, refuge habituel des chrysalides du Carpocapsa. Le nombre en est ainsi contenu dans des limites tolérables.

Le Puceron (*Aphis*). — Cet insecte est celui de tous qui pullule le plus rapidement, et dont il est le plus difficile

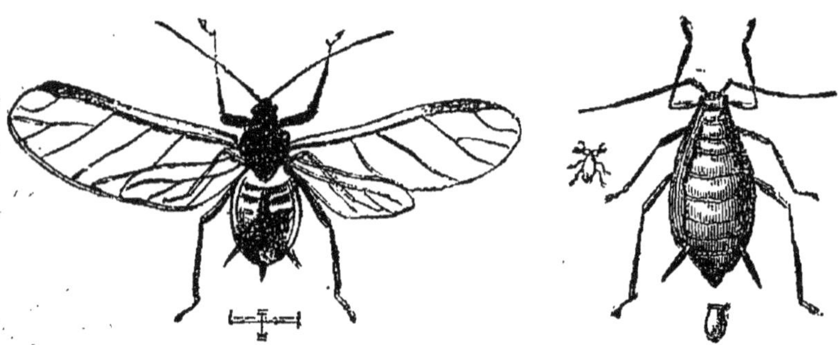

Puceron vert (mâle).   Puceron vert (femelle).

ficile de combattre la multiplication. La femelle est *aptère* ou dépourvue d'ailes ; le mâle seul est ailé. Le plus singulier des organes du puceron consiste en deux appendices tubulaires, placés à la partie postérieure de son corps, et par lesquels il sécrète un liquide sucré ; ce liquide, dans certains cas, devient excessivement abondant. Si, par exemple, les feuilles de l'érable-sycomore sont en proie au Puceron vert, l'insecte y multiplie à tel point que les gouttelettes de liquide sucré se réunissent et tombent à terre. L'arbre perd dans ce cas la plus grande partie de son feuillage, et l'on dit vulgairement qu'il est atteint d'une maladie imaginaire, désignée sous le nom de *miellée* ou *miellat*. La maladie de la miellée n'existe pas; le liquide qui coule le long des feuilles de l'érable atteint de la miellée n'est pas le symptôme d'une maladie de cet arbre; il provient uniquement du Puceron. Quoique le Puceron cause parfois de sérieux dommages dans nos champs et dans nos jardins, il ne mange pas dans le vrai sens du mot; il n'est pourvu ni de mandibules, ni d'aucun organe qui en remplisse les fonctions; il est seulement muni d'un suçoir au moyen duquel il s'approprie la séve des végétaux. Il élabore cette séve et la convertit en un liquide sucré dont une partie sert à sa nourriture; il rejette le reste par ses appendices.

La fourmi, spécialement la petite fourmi noire, est excessivement friande de tous les liquides sucrés, surtout de celui que sécrètent les appendices du Puceron. Pour s'en rassasier, elle déploie une dose d'instinct surprenant. Après s'être établie, par exemple, au pied d'une touffe de grands chardons, une tribu de petites fourmis détache quelques-unes de ses ouvrières à la recherche des Pucerons. Celles-ci ne tardent pas à revenir, apportant chacune un Puceron, qu'elles ont pris grand soin de ne pas blesser. Les Pucerons sont déposés sur la tige du chardon et ils y implantent leurs suçoirs. Ils y multiplient sans obstacles, le chardon en est bientôt couvert. Alors les fourmis se mettent à monter et à descendre le long de la tige du chardon, s'arrêtant à chacun des Pucerons pour le presser délicatement entre leur deux premières pattes. Un examen peu attentif pourrait faire croire que les fourmis tuent les Pucerons pour s'en nourrir. Il n'en est rien, elles se bornent à sucer la sécrétion sucrée des Pucerons, qu'elles se gardent bien de blesser. Les naturalistes, qui ont constaté ces faits curieux, ont nommé pour cette raison le Puceron, la *vache à lait* de la fourmi.

Dans les jardins fleuristes, le Puceron vert attaque surtout le rosier; quelques bouffées de fumée de tabac en ont facilement raison. Dans les champs, le colza est la plante cultivée que le Puceron suce de préférence à toute autre. On sait qu'il existe deux variétés de colza, l'une bisannuelle ou d'hiver, qu'on plante une année pour en récolter la graine l'année suivante; l'autre annuelle ou de printemps qu'on sème à la fin de mai pour en récolter la graine en octobre de la même année. Il arrive assez souvent que, pour avoir été semé un peu trop tard, le colza de printemps ne mûrit qu'imparfaitement sa graine, qui reste rougeâtre au lieu d'être noire; elle contient peu d'huile et n'a pas grande valeur. Il semble que rien ne serait plus facile que de semer moins tardivement le colza de printemps, qui pourrait alors amener sa graine à parfaite maturité avant les premiers froids de la fin d'octobre. Mais le Puceron vert ne permet pas de prendre cette précaution. Le colza d'été, semé seulement huit jours trop tôt, est tellement envahi par le Puceron que, les siliques, renfermant, ses graines sont desséchées, et que la récolte est nulle. C'est la raison pour laquelle le colza annuel ou d'été est rarement cultivé. L'autre colza est aussi trop souvent envahi par le Puceron qui suce les siliques, alors qu'elle sont encore à l'état herbacé, ce qui réduit à rien la récolte. Contre ce mal, il n'y a guère de remède: comment en effet combattre efficacement les milliards de Pucerons qui couvrent du haut en bas les plantes d'un champ de colza de plusieurs hectares? Il faut y renoncer.

Heureusement, cette guerre aux Pucerons, que l'homme peut à peine faire dans les jardins avec quelques chance de succès, un petit insecte de l'ordre des *Coléoptères*, la Coccinelle, bien connue sous son nom vulgaire de *bête à bon Dieu*, s'en charge et en vient à bout. La Coccinelle douée d'yeux à facettes, qui lui permettent de voir très distinctement les objets infiniments petits, invisibles pour nous, même avec le secours de la loupe et du microscope, passe sa vie à rechercher pour s'en nourrir, non pas le Puceron, mais ses œufs, d'une excessive petitesse. Là où les Coccinelles abondent, il n'y a pas de pucerons; leur naissance est prévenue. Il importe donc d'apprendre aux enfants dans les campagnes, à épargner la jolie petite Coccinelle ou bête à bon Dieu, aux élytres écarlates marquées de points noirs. Ce charmant coléoptère n'est jamais trop nombreux; s'il n'est pas possible de le faire multiplier à volonté, au moins faut-il s'abstenir soigneusement d'en diminuer le nombre.

Puceron noir. — Il n'est pas encore bien prouvé que le Puceron noir, aussi redoutable pour les champs de fèves que le Puceron vert peut l'être pour les champs de colza, constitue une espèce à part. Les observations des naturalistes ne peuvent signaler entre ces deux insectes aucune différence bien tranchée, sauf celle de la couleur. On sait que la fève, en se desséchant après avoir mûri sa graine, prend une couleur uniforme d'un noir violet sur la tige, les feuilles et les cosses ou siliques. Il est très-possible que le Puceron, dont le corps est à demi transparent, ne contracte une teinte noire que parce qu'il s'est gorgé de suc de féve, la seule plante sur laquelle on observe le Puceron noir. La Coccinelle fait au Puceron noir ou plutôt à ses œufs, la même guerre qu'aux œufs de pucerons vert. En supposant que ce soient deux espèces distinctes, l'homme est aussi impuissant contre l'un que contre l'autre.

Puceron lanigère. — Cet insecte diffère essentiellement du Puceron noir et du Puceron vert; il n'a dans sa structure pour ainsi dire rien de commun avec le vrai Puceron. Son corps, au lieu d'être d'une seule pièce, est composé d'anneaux parallèles, et recouvert d'une véritable toison d'un blanc de neige, origine de son nom. Le corps du Puceron lanigère ne se termine pas par les appendices tubulaires qui caractérisent les autres pucerons; aussi n'appartiennent-ils pas au genre *Aphis*; les naturalistes en ont fait un genre à part, sous le nom de *Myzoxyle* (suceur de bois). De même que les autres Pucerons, le Puceron lanigère est dépourvu d'organes pour manger; il ne se nourrit qu'en suçant l'écorce du pommier, le seul arbre aux dépens duquel il puisse vivre : encore ne subsiste-t-il qu'aux dépens de la sève des pommiers à fruits plus ou moins doux; les pommiers à fruits âpres et acerbes n'en sont jamais attaqués. On l'observe aussi sur l'écorce des pommiers à fleurs semi-doubles, qui ne portent pas de fruits, et ne sont cultivés dans les jardins que comme arbres d'ornement à floraison abondante et précoce.

Les opinions sont partagées quant à l'origine du Puceron lanigère. Quelques auteurs pensent que, comme beaucoup d'autres insectes, le Puceron lanigère a toujours existé en Europe, mais en trop petit nombre pour causer aucun dommage; de sorte qu'il a échappé à l'observation des naturalistes, jusqu'à ce que devenu tout d'un coup très nombreux par l'effet de causes inconnues, il a mis en danger l'existence même des pommiers des vergers de l'ouest de la France, ce qui lui a fait prendre place parmi les insectes les plus nuisibles.

L'un des entomologistes qui ont le mieux étudié l'histoire narurelle du Puceron lanigére, M. Tougard de Rouen, croit pouvoir affirmer que cet insecte exerçait déjà ses ravages en Angleterre dès l'année 1787 ; il n'en était pas encore question en France. Le Puceron lanigère a fait invasion dans nos départements de l'Ouest en 1812. On l'a observé pour la première fois sur les pommiers des environs de Paris en 1818 ; dans les vergers de pommiers à cidre de la Seine-Inférieure, 1822 et en 1827 seulement dans la Belgique Wallone. Ce qui est certain, c'est que les pommiers qui sont une des sources principales de la prospérité agricole des deux anciennes provinces de Normandie, et de Picardie ont cruellement souffert de la grande invasion du Puceron lanigère, de 1812 à 1822. Cet insecte avait déjà fait périr le dixième des pommiers ; dans plusieurs cantons, il ne restait que ceux à fruits acerbes, dont les pommes ne peuvent faire de bon cidre qu'à la condition d'être associées aux pommes douces ou modérément acides . Le mal était donc immense et nul ne pouvait dire où il s'arrêterait. Les liquides les plus caustiques avaient été essayés sans succès, parce que la toison du Puceron lanigère enpêchait ces liquides d'arriver au contacte du corps de l'insecte qui n'en était nullement incommodé. L'huile et autre corps gras avaient bien tué le Puceron lanigère, mais en tuant du même coup les pommiers : il n'y a pas de profit.

On en était là, et le désespoir commençait à s'emparer des propriétaires de vergers de fruits à cidre, quand

M. Eudes des Longchamps, de Caen (Calvados), imagina de *flamber* les pommiers attaqués du Puceron lanigère, en promenant sur toutes les parties couvertes de cet insecte des torches enflammées, composées de paille tordue enduite de goudron. Le contact rapide de la flamme ne porte aucun préjudice au pommier ; il met le feu à la toison du Puceron lanigère, et le fait périr. L'inventeur de ce procédé, aussi simple qu'expéditif, lui a donné le nom de *coulinage*. Le Puceron lanigère descend, tous les ans à l'approche des premiers froids, pour s'enterrer sous les racines des pommiers. Il remonte dès les premiers jours de mars et reprend sa place sur l'écorce des pommiers, longtemps avant que ceux-ci soient sortis du sommeil hivernal de leur végétation. C'est le moment qu'il faut choisir pour les *couliner*. Depuis que cette opération a été généralement pratiquée, le Puceron lanigère a disparu. Le procédé du coulinage s'est montré aussi efficace dans nos départements à cidre pour la destruction du Puceron lanigère, que le procédé de l'échaudage imaginé par le vigneron Raclet, a été efficace pour la destruction de la pyrale dans nos vignobles. Ce sont deux fléaux également redoutables, domptés l'un et l'autre d'une manière complète et définitive.

Guêpe *(Vespa).* — Insecte de la famille des *Hyménoptères sociaux.* Il est fâcheux, pour la Guêpe, qu'elle porte à l'homme un double préjudice, soit en lui causant, par ses piqûres, une enflure très-douloureuse, soit en détruisant, pour s'en nourrir, son plus beau chasselas et ses meilleurs fruits de dessert. Sans ces deux circonstances, qui lui assignent sa place au nombre des

Guêpe.

insectes les plus nuisibles, on admirerait, dans la Guêpe, l'élégance de ses formes, la vivacité de ses couleurs jaune d'or et noir, et son merveilleux instinct signalé par une activité de beaucoup supérieure à celle de l'abeille elle-même, dont elle est la plus proche parente.

Une tribu de Guêpes contient, comme un essaim d'abeilles, une Guêpe mère, qui correspond à la reine des abeilles, quelques mâles, et tout un peuple d'ouvrières ou neutres, privées de la faculté de se reproduire. Quand finissent les derniers beaux jours d'octobre, toute la tribu meurt de mort naturelle. Il ne reste que la Guêpe mère, remplie d'œufs fécondés, qu'elle ne doit pondre qu'au printemps de l'année suivante. Dès qu'elle se voit seule, elle abandonne le guêpier et va chercher, à l'exposition du midi, un asile où elle ne tarde pas à tomber dans son sommeil hivernal. Bien peu de Guêpes mères survivent à l'hivernage : elles sont, pour la plupart, tuées par le froid, quand l'hiver est rigoureux, ou dévorées par les oiseaux insectivores et les petits rongeurs. Pour la Guêpe, que le printemps retrouve encore vivante, les premiers rayons du soleil de mars sont une époque de véritable résurrection. Dès qu'elle se sent renaître, elle se met à l'œuvre pour se construire un guêpier, et ce n'est pas une petite besogne. Elle doit, à elle toute seule, détacher les fibres du bois mort ou des tiges sèches des grands végétaux, les broyer, les pétrir, les convertir en pâte, et en former un véritable carton, à l'abri duquel elle dépose des œufs d'où sortent bientôt des larves. Tout en continuant à agrandir le domicile de sa postérité, la Guêpe est en outre chargée de nourrir ses larves. Si l'état de la végétation lui permet de butiner dans les fleurs, la Guêpe distribue à ses larves un miel, qui souvent, n'est point inférieur à celui de l'abeille. Si cette ressource lui manque, elle va à la chasse de divers insectes, les écrase, les réduit en bouillie, et alimente, avec cette bouillie, ses larves qui s'en contentent, faute de mieux. Heureusement pour la Guêpe mère, ses larves n'ont besoin que d'un temps assez court pour subir leurs transformations, de sorte qu'elle ne tarde pas à se trouver secondée par une nombreuse famille ; mais la somme de travail qu'elle a dû exécuter seule, avant la naissance des jeunes guêpes, est réellement prodigieuse. Aucun autre animal, de sa taille et de sa force, n'est condamné à une pareille tâche et ne serait capable de l'accomplir.

On a dit avec raison que si, dans les siècles passés, il y avait eu quelque naturaliste assez observateur pour chercher à se rendre compte du travail de la Guêpe, cet insecte aurait appris à l'homme l'art de fabriquer du carton et probablement du papier ; car le procédé employé par la Guêpe, pour fabriquer les feuillets de carton de son guêpier avec des fibres végétales réduites en pâte, est tout à fait analogue aux procédés industriels de la fabrication du carton et du papier.

C'est, à l'époque de la maturité des fruits, que la Guêpe cause le plus de dommages dans les jardins fruitiers. C'est aussi, à cette époque, qu'elle est le plus prodigue de ses piqûres douloureuses. Elle n'aime pas à être troublée dans ses repas, surtout quand elle mange du beau raisin bien mûr ; elle se jette avec fureur sur ceux qui la dérangent. Du reste, si l'enflure causée par la piqûre de la Guêpe est douloureuse, elle n'est nullement dangereuse : on peut la faire disparaître avec quelques gouttes de vinaigre hygiénique pur, ou d'ammoniaque liquide dans un peu d'eau. Il est toujours utile, à la campagne, d'avoir sous la main l'un ou l'autre de ces deux remèdes, pour pouvoir l'opposer sans retard aux piqûres de la Guêpe, qu'il n'est pas toujours possible d'éviter.

17.

On suspend, aux branches des arbres chargées de fruits mûrs, des fioles remplies d'eau miellée où les Guêpes vont boire et dont elles ne peuvent pas sortir. Ce n'est là qu'un remède partiel et insuffisant. Ce qu'il y a de mieux à faire, c'est de rechercher la situation du guêpier, d'en prendre note, et d'aller, à la nuit close, verser dessus un ou deux litres d'eau bouillante, mélée de quelques cuillerées d'huile à brûler. Les guêpiers ne sont jamais nombreux dans un canton. Si l'on prend soin de détruire en masse les Guêpes chez elles, pendant leur sommeil, le jardin fruitier n'a rien à craindre de leur voracité.

CHLOROPS. — Insecte de l'ordre des *Diptères*, du groupe des *Muscidés*. Le Chlorops, bien qu'il soit commun dans les campagnes de toute l'Europe, n'a pas de nom vulgaire. C'est une mouche qui n'a rien de remarquable, si ce n'est denx gros yeux d'un vert d'émeraude, qui justifient le nom donné à cette mouche par les naturalistes ; ce nom, tiré du grec, signifie *yeux verts*. Le Chlorops dépose ses œufs un par un, au centre des jeunes plantes du froment d'hiver, peu de temps après qu'il est levé. L'œuf de Chlorops donne naissance à une très-petite larve qui paraît, durant les premiers temps de son existence, avoir besoin de très-peu de nourriture, et qui, même probablement pendant l'hivernage, ne mange pas du tout. Au printemps la larve se remet à manger, mais avec beaucoup de discrétion ; la croissance du blé en est seulement ralentie jusqu'à l'époque de l'épiage. Alors, la larve du Chlorops, devenue plus volumineuse, absorbe la substance intérieure de la plante et fait avorter l'épi. Les cultivateurs s'aperçoivent seulement qu'elle existe, à ce signe de sa présence. Ils disent que le blé *a le ver* : mais quel ver ?

Personne, excepté les naturalistes, ne se met en peine de le savoir. L'homme n'est guère, par lui-même, en état de faire avec succès la guerre au Chlorops, pour préserver les récoltes de froment du ver des blés, qui cause assez souvent aux moissons des dommages très-graves. L'hirondelle se charge de cette besogne et s'en acquitte avec d'autant plus de soin que, quand la mouche du Chlorops, parvenue à l'état d'insecte parfait, voltige sur les champs de blé pour opérer la ponte de ses œufs, la saison d'automne est déjà fort avancée, de sorte qu'il ne reste presque plus d'autres mouches. C'est ce qui a lieu à l'approche d'un hiver rude et précoce ; la mouche du Chlorops résiste bien aux premiers froids ; elle se montre par nuées sur les froments. Les hirondelles, au moment de leur départ, semblent avoir regret de ne pas profiter d'une si bonne proie : elles retardent leur voyage de quelques jours et ne se mettent décidément en route que quand il n'y a plus de Chlorops. C'est la raison pour laquelle, à la suite d'un hiver rigoureux, les blés n'ont pas le ver ; non que la larve du Chlorops ait été tuée par le froid qui ne paraît pas l'incommoder, mais parce que les hirondelles, avant d'effectuer leur émigration annuelle, ont détruit la mouche du Chlorops, sans lui laisser le temps d'effectuer la ponte de ses œufs. Le ver des blés n'est nombreux et ne cause un tort sérieux au froment, que quand l'hirondelle, trouvant, en automne, assez d'autres insectes, a apporté un peu de négligence dans sa chasse à la mouche du Chlorops.

TIPULE (*Tipula*). — Insecte de l'ordre des Diptères, de la tribu des *Gulicidés*. La plupart de ceux qui voient la Tipule, sans soumettre à un examen attentif sa structure et ses allures, la prennent pour un gigantesque cousin.

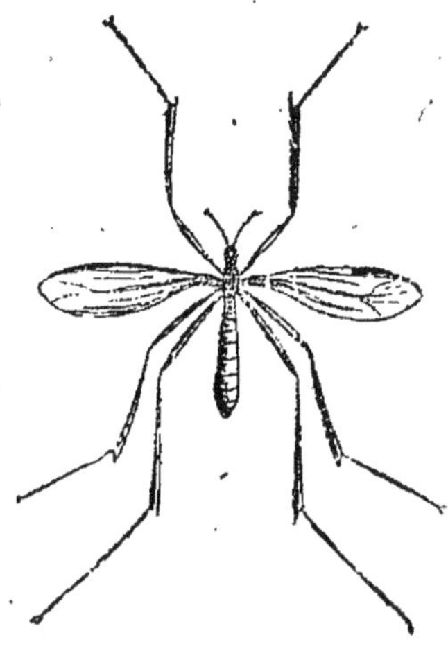

La Tipule.

La Tipule a, en effet, l'aspect extérieur du cousin que tout le monde connaît. Elle n'er diffère que par un point: elle n'est pas pourvue de l'aiguillon qui rend le vrai cousin si désagréable à l'espèce humaine. La taille de la Tipule est quatre ou cinq fois plus développée que celle du cousin. Ce n'est donc pas, en raison du mal qu'il lui est matériellement impossible de faire à l'homme, que la Tipule est classée parmi les insectes nuisibles.

Si vous vous promenez, au printemps, le long d'un champs d'avoine levée depuis quinze ou vingt jours, vous verrez, en vous penchant vers le sol, une multitude de Tipules qui toutes se promènent gravement, sans faire usage de leurs ailes, en se soutenant dans une position verticale , sur leur dernière paire de pattes, et s'accrochant aux feuilles de l'avoine au moyen de leur pattes antérieures. Ce sont des femelles en quête d'une place où la terre ne soit pas trop dure, afin d'y enfoncer leur oviducte et d'y déposer leurs œufs. Comme toutes les femelles de tous les insectes, les femelles de la Tipule sont averties par leur instinct de la nécessité de pondre là où les larves qui doivent naître de leurs œufs trouveront à leur portée les aliments qui leur conviennent. La larve de la Tipule vit aux dépens des racines de l'avoine dont elle fait périr les jeunes plantes, avant la sortie de l'épi; les cultivateurs la connaissent sous le nom de *ver de l'avoine*. Quand ils disent que l'avoine a le ver, ils ne se doutent pas que ce ver doit se changer eu cette espèce de grand cousin qu'ils écrasent, quand ils peuvent mettre la main dessus, parce qu'ils redoutent ses piquûres, ne sachant pas que la Tipule n'est pourvue d'aucun organe pour les piquer.

Les ravages exercés dans les champs d'avoine par la Tipule ne sont jamais bien graves, si ce n'est quand le sol est maigre, pauvrement fumé, et ensemencé avec un peu trop de parcimonie. Quand la terre est de qualité seulement passable, quand le fumier ne manque pas, et qu'on a eu soin de ne pas semer trop clair, le mal est peu considérable. Les plantes dont la larve de la Tipule a mangé partiellement les racines ne périssent pas toutes ; le plus grand nombre se refait de jeunes racines, de sorte que la croissance de l'avoine est seulement retardée. Il est heureux qu'il en soit ainsi, car l'homme ne dispose d'aucun moyen praticable pour détruire la Tipule ou l'empêcher de multiplier.

EUMOLPE DE LA VIGNE (*Eumolpus vitis*). — Insecte coléoptère, connu dans les pays vignobles sous les noms vulgaires de *Lisette*, d'*Écrivain* et de *Gribouri*. L'Eumolpe nuit à la vigne à l'état de larve et à celui d'insecte parfait, et peut être considéré pour nos vignobles, comme un ennemi dangereux, bien qu'il ne dépasse guère un centimètre tant en long qu'en large. La femelle de l'Eumolpe donne habituellement naissance à deux générations dans le courant de la belle saison. Celles qui ont résisté à l'hiver déposent leurs œufs en terre, au pied des ceps. Les larves sorties de ces œufs, sous la forme de petits vers blancs, mous,

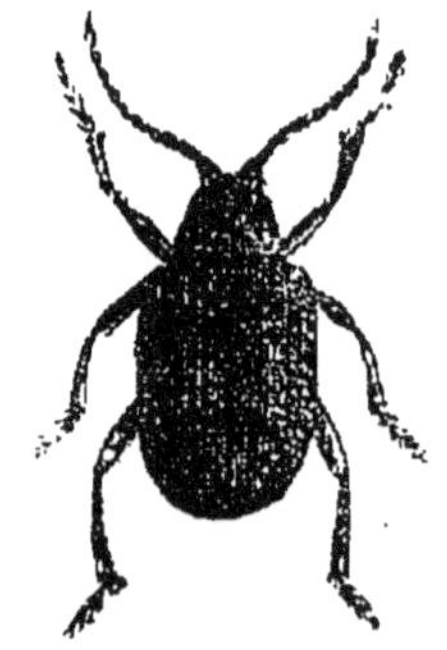

Eumolpe de la vigne.

17.

s'attachent aux racines qu'elles endommagent plus ou moins sans toutefois causer la mort des ceps, parce qu'elles passent assez promptement à l'état de nymphes pour sortir de terre à l'état d'insecte parfait, et se répandre sur le feuillage naissant de la vigne. Les femelles de cette première génération pondent à leur tour et font naître une seconde génération beaucoup plus préjudiciable aux vignes que la première. En effet, les Eumolpes de la première génération ne vivent qu'aux dépens des feuilles de la vigne, dont ils sucent le parenchyme, et qu'ils font tomber, entravant ainsi le cours naturel de la végétation. Les Eumolpes de la seconde génération naissent à l'époque où commence la maturité du raisin; ce n'est plus à la substance verte de la feuille que l'Eumolpe demande sa nourriture, c'est à la grappe à demie mûre, ce qui donne aux dégats commis par cet insecte un tout autre caractère de gravité.

Son surnom de *Lisette* ou d'*Écrivain* dérive de sa manière de s'approprier la matière verte des feuilles; il va droit devant lui jusqu'à ce qu'il rencontre sur son passage une côte ou nervure de la feuille qu'il ne lui convient pas d'entamer; il se détourne alors à angle droit, de sorte qu'il trace, sans s'en douter, les lettres majuscules I, L, M, A et V. Quand à son nom de *Gribouri*, il tient à l'espèce de poussière d'un gris roux dont ses élytres sont recouvertes.

L'Eumolpe ne résiste pas à un froid un peu vif, pas plus à l'état de larve qu'à celui d'insecte parfait. Dans les vignobles de l'Est et du Nord-Est, il est à peu près inconnu; les collectionneurs ont même souvent quelque peine à s'en procurer des échantillons. Dans la Côte-d'Or et dans Saône-et-Loire, à la suite des hivers doux, l'Eumolpe multiplie de temps en temps en assez grand nombre pour faire beaucoup de tort aux vignes, quand on ne prend aucune mesure pour le détruire ; il est très commun dans tous les vignobles de Midi, où le climat favorise sa rapide propagation. Là, deux fois par an, les vignerons soigneux de leurs intérêts, font une chasse assidue aux Eumolpes et en détruisent des quantités prodigieuses, de sorte que les produits de la vigne n'ont pas trop à en souffrir. On se sert, à cet effet, d'un entonnoir à large goulot, fendu sur le côté ; la base du cep est emboîtée dans le goulot ; on le secoue vigoureusement pour faire tomber les Eumolpes qui, ne pouvant ni s'accrocher aux feuilles, ni se retenir sur la surface unie du fer-blanc de l'entonnoir, glissent jusque dans un sac attaché à la partie inférieure du goulot. Par ce procédé presque tous les Eumolpes sont atteints ; le peu qui échappe ne cause, dans les vignobles, que des dommages insignifiants.

BECMARE OU COUPE-BOURGEON. *(Rynchite Bacchus)*. — Insecte coléoptère de la tribu des Curculionidés ou Charançons. Le nom de cet insecte, l'un des plus élégants de sa tribu en raison de la belle nuance de ses élytres d'un vert velouté, lui a été donné par les vignerons de la Bourgogne, à cause de la prolongation extraordinaire de la partie antérieure de sa tête qui figure un nez ou un bec très-long, caractère qui le fait reconnaître au premier coup d'œil pour un Charançon. Quant à son surnom de *coupe-bourgeon*, il n'est que trop justifié par le genre de ravages qu'il exerce dans nos vignobles. Le genre rynchite contient un assez grand nombre d'espèces. Celle qui vit aux dépens de la vigne a reçu des naturalistes le surnom de Rynchite-Bacchus. On dit par plaisanterie : Il y a un Dieu pour les ivrognes. On sait que l'antiquité païenne prenait la chose au sérieux : les ivrognes avaient leur

Dieu, l'un des douze grands dieux, par parenthèse ; comme tous les vices de l'humanité avaient leur patron dans l'Olympe. Le nom de Rynchite-Bacchus n'est

Rynchite-Bacchus.

impropre que sous un rapport ; il endommage plus ou moins la vigne, mais il ne mange pas de raisin. C'est sur la feuille de la vigne que la femelle du Becmare dépose ses œufs ; elle n'en pond jamais plus d'un à la fois. Sa ponte terminée, elle coupe en travers, aux trois quarts de son épaisseur, soit la queue d'une feuille sur laquelle elle a pondu, soit le bourgeon, encore à l'état herbacé, aux feuilles duquel elle a confié une partie de ses œufs. Quand la larve très-petite et très-faible du Becmare a vécu, quelques jours seulement, aux dépens de la feuille de vigne, celle-ci par suite du travail de la mère, est devenue assez souple pour que la larve n'éprouve aucune difficulté à la rouler en forme de cigare ; elle s'y enferme, et après avoir subi ses transformations, elle en sort à l'état de Rynchite-Bacchus, en pratiquant une ouverture latérale dans la feuille roulée. Le Becmare ferait aux vignes de la Bourgogne un tort très-grave, si la manière, dont la larve s'enferme dans les feuilles, ne révélait sa présence ; les femmes et les enfants vont ramasser dans les vignes les feuilles roulées, tellement visibles que pas une ne saurait leur échapper, de sorte qu'après une année, où le Becmare s'est montré en assez grand nombre pour faire beaucoup de mal, il disparaît pour plusieurs années, sa multiplication étant arrêtée tout court.

COCHYLIS DE LA GRAPPE. — Insecte de la famille des Lépidoptères, qui n'a point en France de nom vulgaire, quoiqu'il cause assez souvent un tort considérable aux vignes de la Champagne où il se montre quelque fois en très-grand nombre. La femelle pond ses œufs, heureusement peu nombreux, sur le bois des ceps et sur les échalas, ils y restent sans aucun abri et n'ont rien à craindre du froid des hivers, si sévère qu'il soit. De même que les œufs du Cochylis résistent bien au froid, ils résistent également bien à la chaleur; les chenilles, encore plus petites à leur naissance que celles de la Pyrale, ne sortent des œufs que sous l'influence des fortes chaleurs de juin, quand la vigne commence à fleurir. Le premier soin de la chenille du Cochylis, c'est de se faufiler à l'intérieur des grappes et d'enlacer les fleurs ainsi que les grains de raisin récemment noués, dans un réseau de fils blancs, d'une excessive tenuité. La chenille complète sa croissance et subit ses transformations, après avoir fait avorter le reste. Ce travail des métamorphoses de la chenille du Cochylis s'est accompli lentement; il ne se montre à l'état d'insecte parfait qu'à l'époque des vendanges. C'est un tout petit papillon grisâtre, proche parent de la Pyrale.

La multiplication du Cochylis de la grappe est contenue dans des limites tolérables, non pas par l'homme, qui ne dispose d'aucun moyen efficace de combattre un pareil ennemi, mais par un très-joli et très-utile insecte coléoptère, aux élytres d'un vert doré régulièrement marquées de taches rouges. Cet insecte, nommé par les naturalistes *Malachie bronzé*, recherche, pour s'en nourrir, les œufs et les larves du Cochylis C'est grâce à lui que le Cochylis, quoique très-sérieusement nuisible, passe rarement dans nos vignobles, à l'état de fléau. En Espagne, en Italie, dans les vignobles qui produisent les vins de liqueur les

plus renommés de ces deux pays, le Malachie bronzé
n'existe pas ; le Cochylis de la grappe multiplie sans obstacle, au point de réduire à rien le produit des vignes. On
lui oppose, mais sans grand résultat, des fumigations sul-
fureuses qui occasionnent beaucoup de frais et d'embarras pour peu d'effet utile. Quand, dans les jardins, les
treilles, qui produisent le raisin de table, sont envahies par
le Cochylis de la grappe, on les en délivre en les aspergeant
d'une forte infusion de tabac à fumer, procédé inappli-
cable dans une vigne de quelque étendue.

Fourmi *(Formica)*. — Insecte de la famille des Hyménoptères sociaux. On connaît en Europe deux espèces de
Fourmis ; la Fourmi brune ou grosse Fourmi des bois,
que les naturalistes nomment *polyergue*, et la petite Fourmi noire, très-commune dans les champs et dans les
jardins, fréquemment visiteuse fort incommode des cuisines situées au rez-de-chaussée. Cette dernière seule
mérite une place parmi les insectes nuisibles.

Les tribus de Fourmis ou *fourmilières*, se composent
comme les familles de Guêpes et les essaims d'Abeilles,
de trois classes distinctes d'individus, les femelles et les
mâles pourvus d'ailes, et les ouvrières ou neutres, qui
ne peuvent se reproduire. Ces dernières sont de beaucoup plus nombreuses ; elles sont aptères ou privées d'ailes ; mais elles savent se servir de leurs pattes avec une
incroyable agilité, elles parcourent en trottant de grandes
distances en un clin-d'œil.

La Fourmi, malgré sa petitesse, fait preuve dans une
foule de circonstances, d'un instinct très-développé. On
a signalé, en parlant du Puceron vert, la prévoyance de
la Fourmi, et les moyens qu'elle emploie pour s'assurer,
sans tuer le Puceron, la facilité de se régaler du liquide

sucré sécrété par cet insecte. (V. *Puceron*, page 285).
Bien des faits plus ou moins hasardés ont été
avancés par les naturalistes quant aux mœurs
des fourmis. L'un d'entre eux dit avoir vu
de ses propres yeux, une tribu de grosses
Fourmis brunes polyergues s'emparer d'une
tribu de petites Fourmis noires, les emporter

Fourmi.

dans sa fourmilière, et s'en servir comme d'esclaves
pour leur faire soigner et nourrir ses larves. Sans être
assez autorisé pour donner un démenti au savant qui
a mis ce fait étrange en circulation, je crois pouvoir
dire que j'ai fréquemment et longuement observé les
Fourmis, tant les brunes que les noires, et qu'il ne m'est
jamais arrivé de voir rien de semblable.

Les Fourmis femelles, après la fécondation de leurs
œufs, acte qui ne peut s'accomplir qu'en l'air, pendant
le vol, ce qui explique pourquoi les mâles et les femelles
seuls sont ailées, rentrent au domicile commun pour opérer
la ponte de leurs œufs. Les mâles, comme ceux de la plupart des insectes, meurent de mort naturelle, après avoir
rempli leurs fonctions de reproducteurs ; les femelles sont
attendues, à l'entrée de la fourmilière, par les neutres
qui, avant de les laisser passer, leur arrachent leurs ailes,
Il ne paraît pas que cette opération chirurgicale fasse
éprouver aux Fourmis femelles une douleur bien vive,
car elles n'opposent aucune résistance et n'en pondent
pas moins. Ne pouvant plus s'envoler pour devenir capables d'une seconde ponte, les femelles privées de leurs
elles meurent-elles après avoir pondu, ou bien rentrent-
ailes, dans la classe des ouvrières? Le fait n'est pas bien
éclairci. Ce qui est certain, c'est que la Fourmi femelle
ne peut être fécondée qu'une fois et ne saurait opérer
qu'une ponte. La Fourmi femelle dont les ailes ont été

arrachées n'a rien qui la distingue de la foule des ouvrières neutres.

Il n'est personne qui n'ait remarqué la peine que se
donnent les Fourmis, en se prêtant mutuellement aide
et secours, pour emporter dans la fourmillière tous les
objets, souvent plus gros et plus lourds qu'elles-mêmes,
qui peuvent leur être de quelque utilité, soit comme
matériaux, soit comme provisions. Ce qu'on connaît
moins généralement, c'est le soin que prennent les vieilles ouvrières de faire l'éducation des jeunes. A l'époque
où les larves blanches, improprement nommées *œufs de
fourmi*, se transforment en nymphes, desquelles sort une
génération de jeunes Fourmis, chaque ancienne sort, tous
les matins, accompagnée d'une jeune, reconnaisable à
sa taille moindre et à sa couleur brune qui ne devient
noire qu'avec le temps. Evidemment, l'ancienne ensei-
gne à la jeune son métier de Fourmi, après quoi, la jeune
sort toute seule, pour aller à la picorée comme les
autres, son apprentissage étant terminé.

La Fourmi, dans les jardins, attaque de préférence les
fruits les plus délicats et les plus sucrés, notamment la
pêche, la prune et l'abricot. Dans les cuisines, quand elle
peut y pénétrer, le sucre et les mets sucrés sont les aliments qu'elle recherche avec prédilection. Il lui arrive
souvent alors de tomber dans les mets et les boissons à l'u-
sage de l'homme. Sans pouvoir donner la mort, la Fourmi
prise à l'intérieur par inadvertance, peut occasionner
des accidents très-graves. C'est donc un ennemi, non-
seulement incommode, mais dangereux, contre lequel il
importe de se tenir en garde.

Dans les jardins, on se délivre des Fourmis, en versant,
le soir, sur leur retraite souterraine, de l'eau bouillante
mêlée d'un peu d'huile à brûler. Ce moyen de destruc-

tion, le seul qui soit réellement efficace, n'est pas toujours praticable. La Fourmi creuse assez souvent ses galeries entre les racines des arbres fruitiers qu'il faudrait sacrifier pour échauder les Fourmis ; on est forcé de les laisser vivre. Dans les cuisines, si la situation le permet, on bouche, avec du mortier mêlé de verre pilé, l'ouverture qui leur sert de passage. S'il n'y a pas moyen de leur interdire par ce procédé l'accès de la cuisine, on sème sur leur passage du marc de café humide. Cette substance repouse les Fourmis, et les oblige à rebrousser chemin.

TEIGNE DES BLÉS. — Insecte de la famille des Lépidoptères, de la tribu des Tinéites. La Teigne des blés, connue dans plusieurs départements sous le nom vulgaire de *Cadelle*, est un petit papillon d'un gris obscur, peu différent de l'Alucite. Il en diffère extérieurement par son habitude, lorsqu'il est au repos, de tenir ses ailes repliées en forme de toit. Contrairement aux mœurs de l'Alucite et du Charançon, dont les larves dévorent le grain du blé, du dedans au dehors, la larve de la Cadelle attaque le même grain du dehors au dedans. La femelle pond ses œufs, d'une petitesse microscopique, à la surface des grains, tandis qu'ils sont encore en épi. Le battage, soit au fléau, soit à la mécanique ne les détruit pas ; ils éclosent dans les greniers. Le premier soin de la chenille, qui est blanchâtre, d'un très petit diamètre, c'est de tirer, de sa propre substance, des fils excessivement fins dont elle se sert pour envelopper un certain nombre de grains de blé qu'elle réunit en peloton. Les intervalles entre ces grains deviennent ses galeries ; elle y subit ses transformations, vivant aux dépens du blé dont elle ronge l'enveloppe d'abord, puis la farine ; elle en sort sous la forme d'insecte parfait et recommence ses ravages. Heureusement, la larve de la Cadelle est d'une extrême délicatesse ; le moindre choc suffit pour la tuer. Pour en avoir raison, il suffit de remuer à la pelle les tas attaqués par la Cadelle, et de jeter avec force les grains contre la muraille ; aucune larve de la Teigne ne reste vivante.

Dans les cantons où la Cadelle est abondante, les meuniers et les marchands de grains, qui ont à conserver des approvisionnements considérables, emploient divers appareils pour détruire les larves de la Teigne des blés. L'un des plus efficaces et des plus usités est le *tue-teigne* de M. Doyère, qui agite vivement les tas de grains, et les lance à plusieurs mètres de distance. En retombant, les larves de la Cadelle sont écrasées. Malheureusement le tue-teigne coûte cher ; sa roue fait 800 tours à la minute ; il ne peut être mis en mouvement que par une machine à vapeur. Les petites quantités de blé dans les greniers de la petite et de la moyenne culture ne peuvent être délivrées de la Cadelle que par le remuage à la pelle.

BRUCHE. — Insecte coléoptère, de la tribu des Curculionidès. La Bruche est un petit coléoptère d'un brun terne qui n'a rien de remarquable, si ce n'est son instinct pour assurer la perpétuité de sa race. La Bruche vit quelques jours à l'état d'insecte parfait ; pendant ce temps, elle mange peu, recherche de préférence les fleurs, dans lesquelles elle passe la nuit et la plus grande partie de la journée pour en respirer le parfum et en sucer les nectaires. De temps en temps, elle s'en éloigne pour aller à la recherche des pois et des lentilles qui ont passé fleur, et dont les cosses sont remplies de grains déjà formés, mais encore verts. La Bruche femelle perce, avec son oviducte, la cosse vis-à-vis d'une graine dans laquelle elle dépose un œuf. Jamais elle n'en pond qu'un à la fois, comme si elle savait que deux larves auraient de la peine à vivre de la substance d'un seul pois ou d'une seule lentille. La larve ne sort de l'œuf qu'au bout de quelques jours. Sa présence n'empêche pas la graine de grossir. Elle ne fait pas de tort au cultivateur quant au grain mur; son instinct l'avertit de ne pas toucher au germe, et de vivre exclusivement aux dépens des cotylédons. Les pois murs percés sont aussi bons que les autres pour les semailles; ils lèvent tout comme ceux dont la Bruche n'a point entamé les cotylédons; ils n'ont donc rien perdu de leur valeur pour les semailles; il en est de même des lentilles.

Quand la larve de la Bruche a accompli ses transformations, elle sort de la graine à l'état d'insecte parfait, en pratiquant dans la peau du pois ou de la lentille une ouverture parfaitement circulaire. On ne possède aucun moyen pratiquable pour détruire la Bruche, dont heureusement la ponte n'est pas très-abondante, et dont les larves n'arrivent pas toutes à leur transformation définitive. La Bruche peut seulement être recherchée et ramassée à la main, dans les jardins de peu d'étendue, dont le propriétaire ne sème qu'une ou deux petites planches de pois, dont il lui importe que les pois verts ne soient pas *verreux,* c'est-à-dire, remplis de larves de Bruche, dont rien n'indique la présence, à la surface extérieure des cosses.

Tipule des fruits. — Insectes de l'ordre des Diptères. On a longtemps attribué exclusivement à la chenille du Carpocapsa, connue dans les campagnes sous le nom de ver des fruits, la destruction des plus beaux fruits des arbres de nos vergers. Ce n'est que de nos jours, qu'une observation plus attentive a permis de reconnaître que la chenille du Carpocapsa n'est pas seule coupable, et que le même genre de ravages est exercé, quoique sur une moins grande échelle, par la larve d'un très-petit insecte diptère du genre *Tipule*, tout à fait semblable, sauf ses dimensions, à la grosse Tipule qui vit aux dépens des racines de l'avoine. La Tipule des fruits peut aisément être prise pour un très petit-cousin dont elle a la forme et les allures; mais elle est dépourvue d'aiguillon La femelle de cette Tipule, comme celle du Carpocapsa, dépose ses œufs un à un dans ce qu'on nomme *la tête des fruits* à pépins récemment noués. La larve qui sort de l'œuf se loge à l'intérieur du fruit qu'elle n'empêche pas de grossir, mais qu'elle fait tomber avant son entier développement. Elle en sort pour s'enterrer au pied de l'arbre, et subir sous terre sa dernière transformation. Au printemps, la Tipule des fruits, à l'état d'insecte parfait, sort de terre à l'époque de la floraison des poiriers, dont elle attaque les fruits avec prédilection. On pense bien que la recherche d'un insecte aussi petit que la Tipule des fruits, recherche à peine possible aux petits oiseaux chanteurs insectivores, est tout à fait impossible à l'homme. Cependant, le jardinier n'est pas complétement sans défense contre cet ennemi de ses poires. Les observations des naturalistes ont constaté que la larve de la Tipule ne s'écarte jamais du pied de l'arbre dont elle a attaqué les fruits, et qu'elle s'enterre pour hiverner, à une très-faible profondeur. Si l'on prend soin d'enlever en automne une mince couche de terre autour du pied de l'arbre, dont les fruits ont été la proie des Tipules, et qu'on enfouisse cette terre à un décimètre de profondeur, les larves des Tipules meurent sans arriver à leur état d'insecte parfait; la terre enlevée est remplacée par de nouvelle terre exempte de larves de Tipules.

TABLE DES MATIÈRES.

Connaissance des insectes nuisibles.

Clichy. — Imp. PAUL DUPONT et Cⁱᵉ, 12, rue du Bac-d'Asnières.

www.ingramcontent.com/pod-product-compliance
Lightning Source LLC
Chambersburg PA
CBHW051234050726
47594CB00001B/167